NOUVELLE METHODE
EN GEOMETRIE
POUR
LES SECTIONS
DES
SUPERFICIES CONIQUES,
ET CYLINDRIQUES;

Qui ont pour bafes des cercles, ou des Paraboles,
des Elipfes, & des Hyperboles.

Par PH. DE LA HIRE, *Parifien.*

A PARIS,

Chez { L'Autheur ruë neuve de Mont-martre, entre Saint Jofeph
& la ruë de Clery.

Et THOMAS MOETTE, au bas de la ruë de la Harpe,
proche le Pont S. Michel, à l'Image S. Alexis

M. DC. LXXIII.

AVEC PERMISSION.

A MONSEIGNEUR

MONSEIGNEUR

COLBERT,

MARQUIS DE SEIGNELEY,

Conseiller du Roy en tous ses Conseils,
Ministre & Secretaire d'Estat.

ONSEIGNEVR,

Le libre accés que trouvent auprés de VOSTRE GRANDEVR *ceux qui font pro-*

* ij

feſſion des Sciences & des beaux Arts, me fait eſperer qu'encore que je n'aye pas l'honneur d'en eſtre connu; Vous aurez toutefois la bonté d'accepter l'offre que je prens la liberté de vous faire de cét Ouvrage; C'eſt, MONSEIGNEVR, un des premiers fruicts que j'ay recueillis de l'étude de la Geometrie à laquelle je me ſuis appliqué depuis pluſieurs années. Je le preſente à VOSTRE GRANDEVR comme un tribut legitime, puiſque j'ay le bien d'eſtre né François, & que vous eſtes le digne Chef & Protecteur de cette illuſtre Academie Royale que vous avez renduë la plus celebre de l'Europe, & par le moyen de laquelle vous faites renaître dans la France, ſous le regne du plus grand des Roys, les Mathematiques jadis tant eſtimées dans la Grece & chez les Anciens. Il contient une Methode nouvelle de Sections dont j'ay fait la découverte (ſi j'oſe le dire) aſſez heureuſement pour en eſperer l'approbation des plus connoiſſans en cette Science; Et comme ſans doute, elle ſera d'un grand ſecours par ſa facilité &,

simplicité aux studieux qui voudront s'en servir. Je vous supplie tres - humblement, MONSEIGNEVR, d'agréer que je la mette au jour sous la faveur & protection de VOSTRE GRANDEVR, & de me permettre de prendre avec tout le respect que je dois la qualité,

MONSEIGNEVR,

De

Vostre tres-humble & tres-obeissant serviteur,
PH. DE LA HIRE.

AVANT-PROPOS.

APRE'S ce qu'*Apollonius* avoit recüeilly de l'Antiquité, & ce qu'il avoit trouvé fur les Sections Coniques, il fembloit que l'on ne dût plus rien attendre de nouveau fur cette matiere. Cependant dans ces derniers fiecles plufieurs grans hommes y ont travaillé fort heureufement, & nous ont laiffé un grand nombre de Propofitions fort curieufes & fort utiles. Mais pour entendre ce qu'ils en ont écrit, il ne fuffit pas de fçavoir parfaitement les élemens de Geometrie, il faut encore faire foy-mefme quantité de Lemmes qui eftant joins à la maniere compofée dont ils fe fervent, les rendent fi difficiles, que ceux qui ne peuvent pas donner tout leur temps à cette étude font épouvantez au feul afpect de leurs livres. Et puifqu'il n'y a perfonne qui en ait rien mis au jour en noftre langue, hormis Monfieur Defargues qui en a donné quelque chofe fous le nom de Broüillon projet d'une atteinte aux évenemens des rencontres du Cone avec un plan, qui n'a point efté mis en fa perfection. I'ay crû que ce feroit faire plaifir à noftre Nation de produire cét Ouvrage en fa langue & que les étrangers ne feroient pas privez de l'utilité qu'ils en pourroient retirer, puifqu'il y en a fort peu qui ne la fçachent affez bien pour entendre les livres qui traittent des fciences dont ils ont la connoiffance.

Ie n'aurois pourtant jamais pû me réfoudre à luy faire voir le jour, fi je n'avois crû que la fimplicité de la methode que j'ay trouvée pourroit eftre d'une grande utilité aux ftudieux, & fi je n'avois veu que perfonne n'avoit encore pris ce chemin. Car dans ma premiere Propofition je démontre toutes les proportions des lignes qui venant d'un point où eftant paralelles entr'elles, & rencontrant les Sections font couppées par ces Sections & par

*les lignes qui joignent les attouchemens ou par d'autres touchan-
tes, ce qui comprend une grande partie des Propositions des livres d'Apollonius, & mesme plusieurs autres, dont il n'a point
parlé, ce qui est fort facile à entendre puisque ce n'est qu'une re-
petition continuelle de l'application d'une seule ligne couppée en
trois parties que j'ay nommée harmoniquement couppée, ce n'est
pas que j'entende que les parties prises séparément soient en proportion harmonique ; mais en prenant une des extremes pour une,
la mesme avec celle du milieu pour une autre, & la toutte pour
la derniere, ces trois lignes seront en proportion harmonique, &
c'est ce qui m'a obligé de luy donner ce nom. Aprés cette proposition j'avois resolu de finir par la puissance des ordonnées en les
comparant aux rectangles sous les parties de leurs diametres :
Mais je me suis trouvé insensiblement engagé à y ajoûter quel-
ques autres Propositions des plus utiles, & qui pouvoient estre
facilement démontrées par la premiere, & enfin les Propositions
des anciens sur les poins de comparaison que j'ay nommez foyers
à l'imitation des modernes, & les démonstrations que j'en ay
données sont differentes de celles des autres, afin que cét Ouvrage
fut non-seulement entier, mais nouveau : J'ay obmis dans la
premiere Proposition quantité de Corrolaires ; mais ce sont des
choses si claires & si faciles que je n'ay pas crû qu'il fust necessaire d'en parler, & mesme je les suppose dans la suitte comme
connuës d'elles-mesmes, aprés ce qui a esté dit, j'ay aussi re-
tranché quantité de figures que l'on peut entendre facilement
sans qu'il soit besoin de les faire, & qui en auroient par trop
augmenté le nombre : J'ay rejetté le costé droit ou parametre &
la figure des anciens ayant pris un autre chemin qui à mon avis
ne sera pas si embarassant : puisque l'on se peut passer de cette
ligne & de cette figure pour démontrer la puissance des ordonnées,
& toutes les proprietez des Sections, ce que l'on n'avoit pas conneu
jusques à present. J'ay aussi donné la methode de faire les démonstrations des Sections des superficies Coniques qui ont pour*

baſes des Paraboles, des Elipſes & des Hyperboles, & celles
des ſuperficies Cylindriques qui ont pour baſes ces meſmes lignes
courbes auſſi bien que le corcle. Il ne me reſteroit plus icy qu'à
parler des utilitez de ces Sections ; Mais chacun eſt aſſez per-
ſuadé que c'eſt une dés parties de plus conſiderables de la Geometrie.

J'avertis icy en finiſſant que le Pere Gregoire de S. Vincent
Ieſuite a démontré quelques-uns de mes Lemmes, entre leſquels
il y en a où il n'a démontré que des cas particuliers, dont il a
fait pluſieurs Propoſitions qui ſe pouvoient réduire à une ſeule
generale comme j'ay fait.

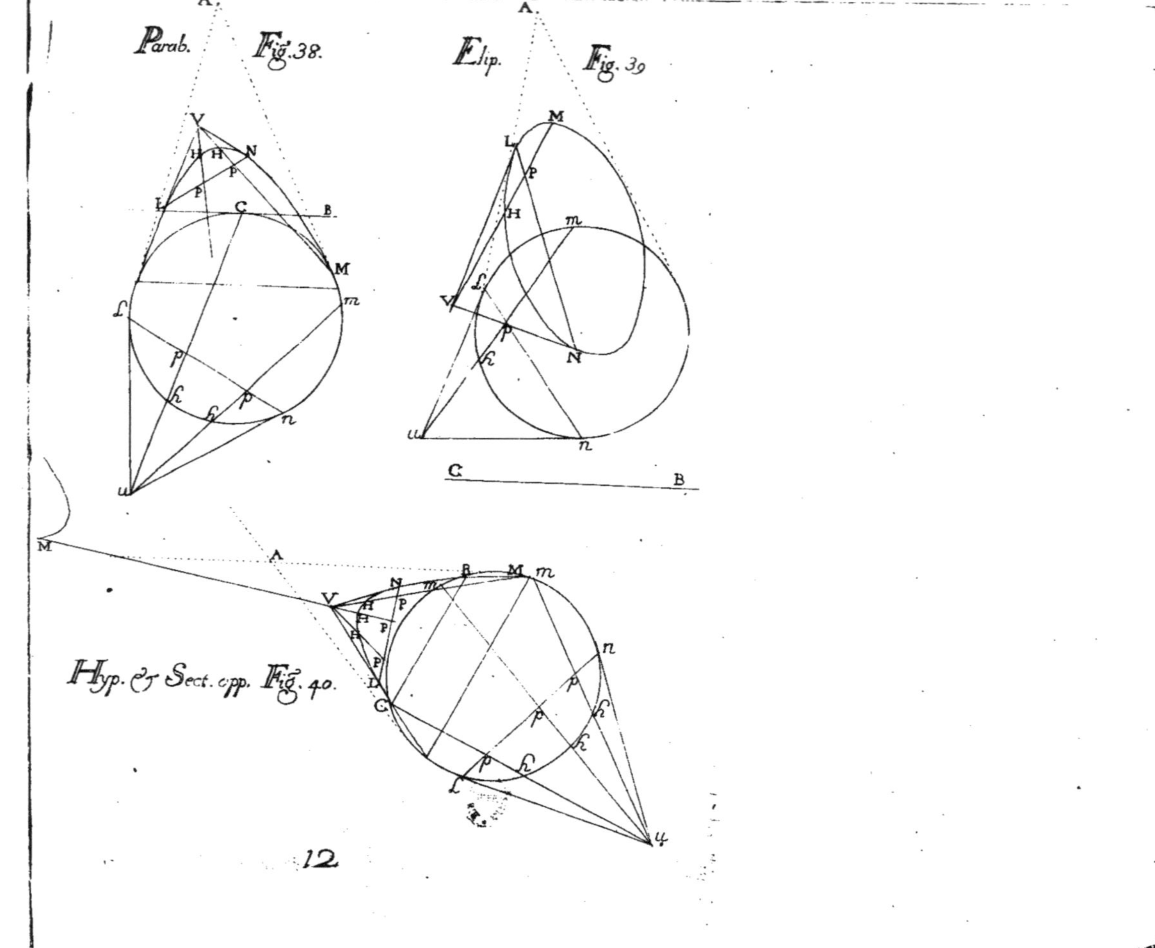

Parab.
Fig. 38.
Elip.
Fig. 39.
Hyp. & Sect. opp. Fig. 40.
12

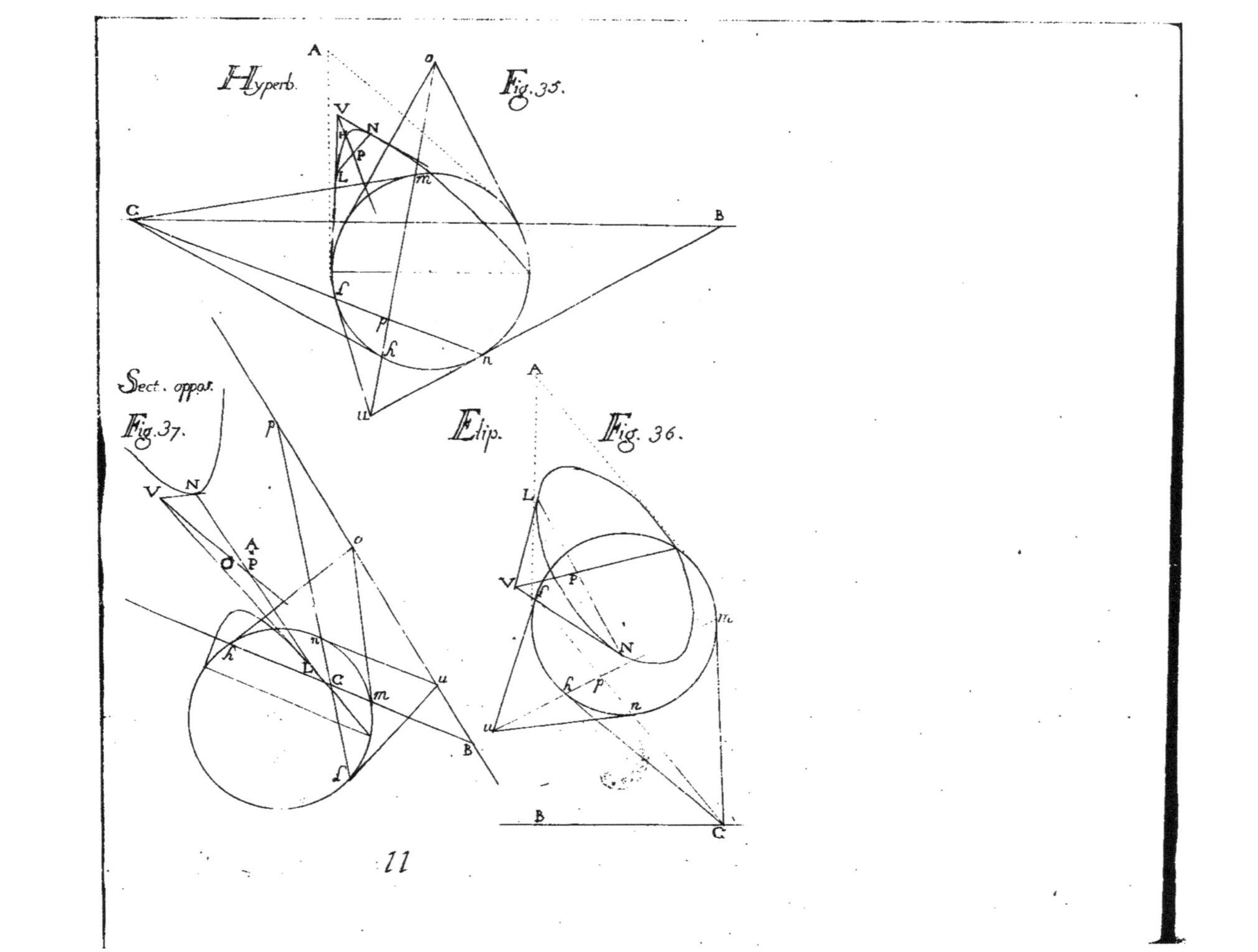

Hyperb.
Fig. 35.
Sect. oppos.
Fig. 37.
Ellip.
Fig. 36.
11

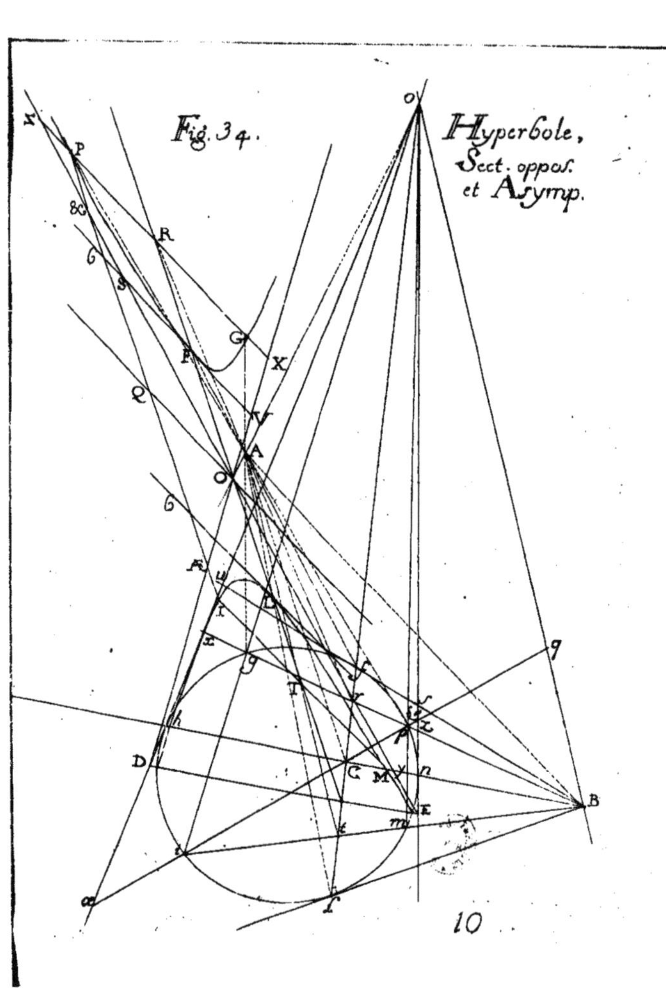

Fig. 34.
Hyperbole,
Sect. oppos.
et Asymp.
10

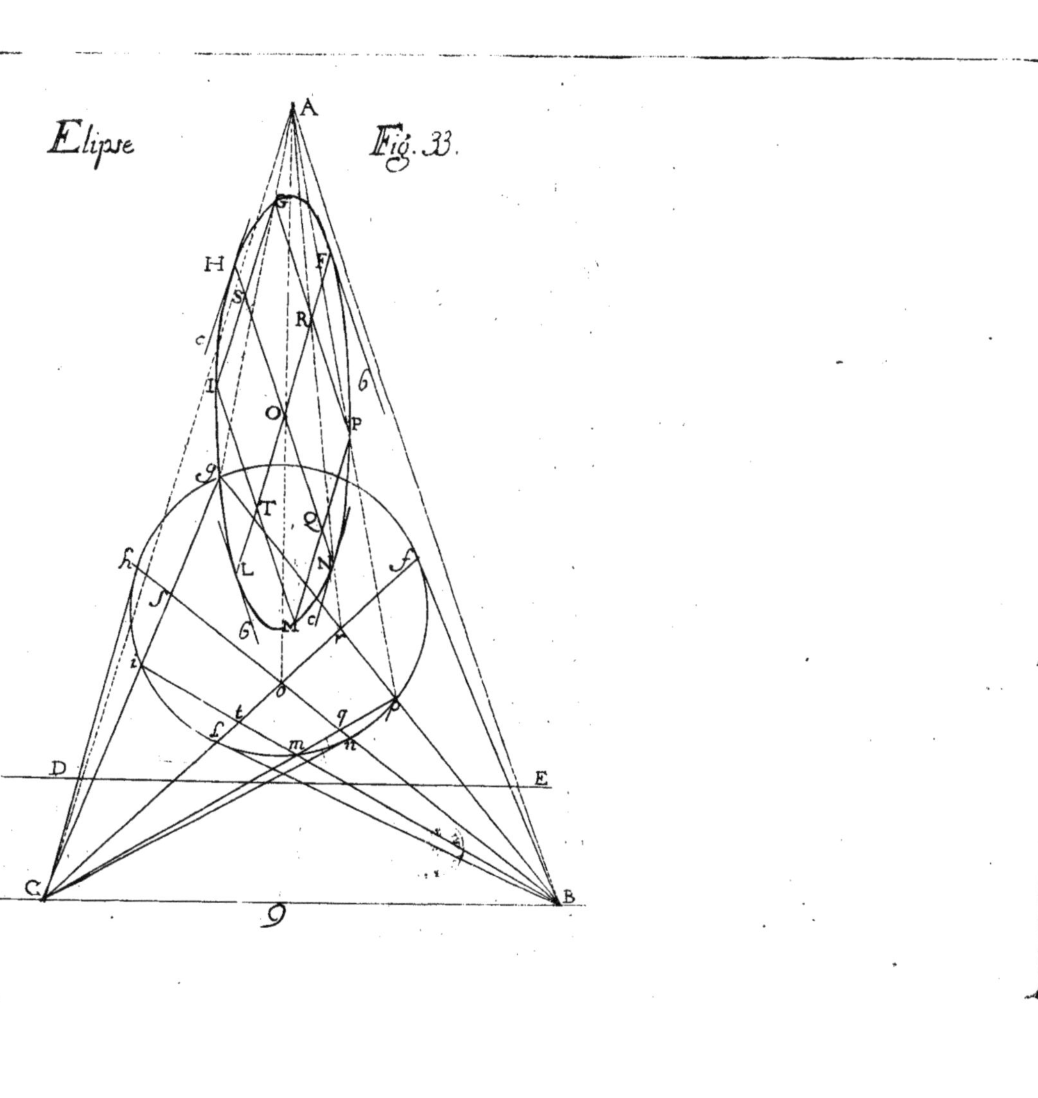

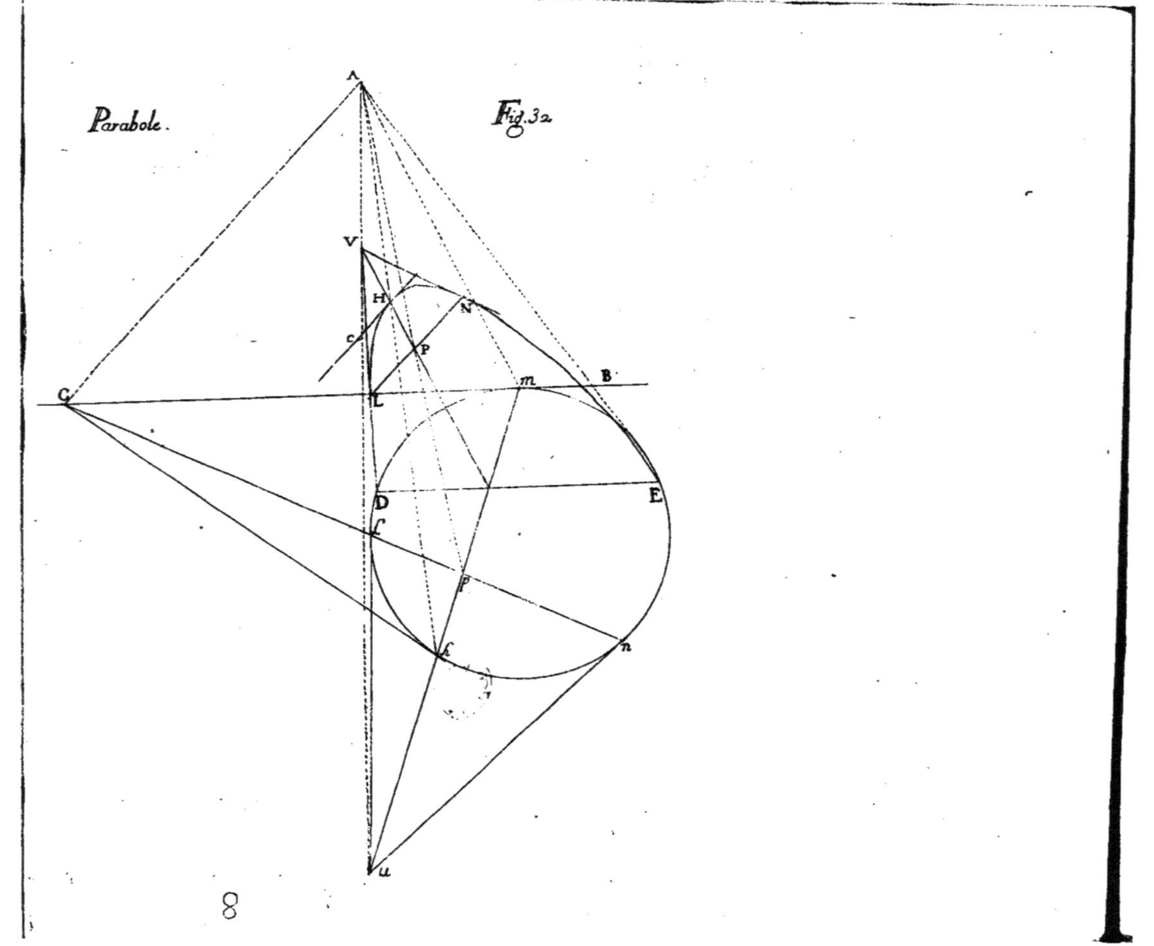
Parabole.
Fig. 32
8
A
V
H
N
c
P
C
L
m
B
D
E
f
p
f
n
u

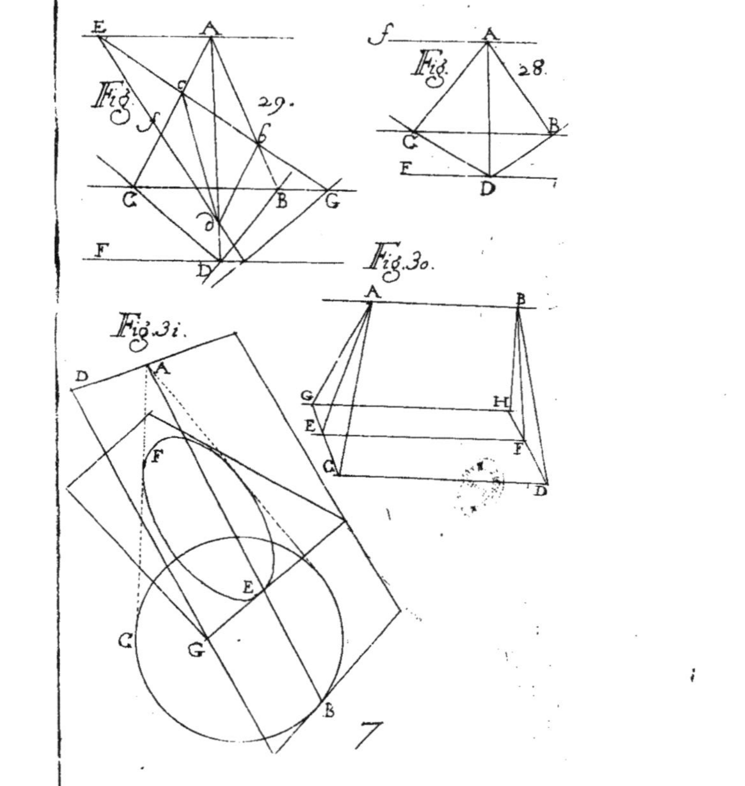

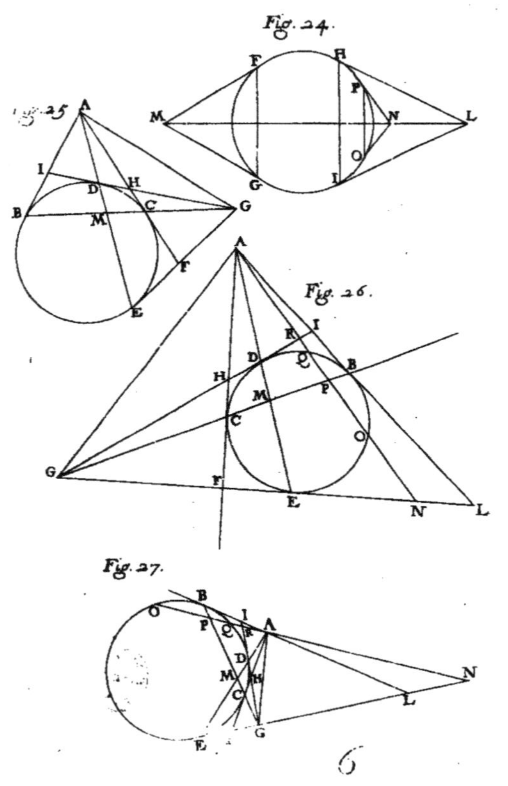

6

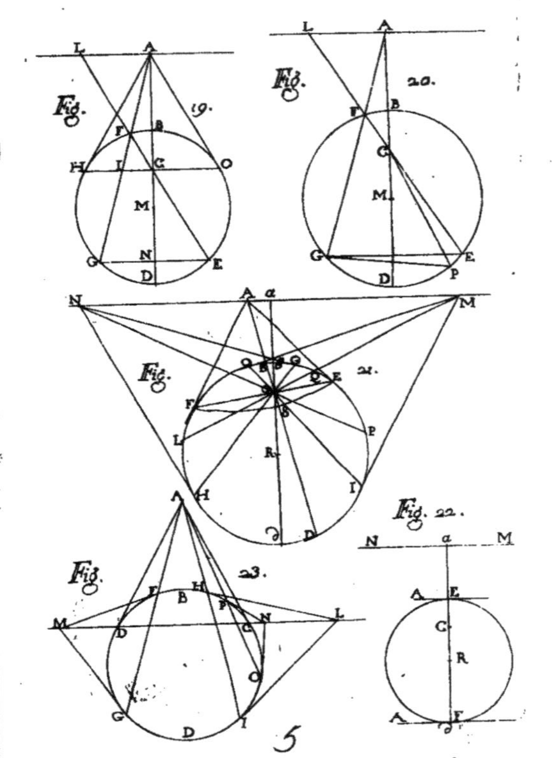

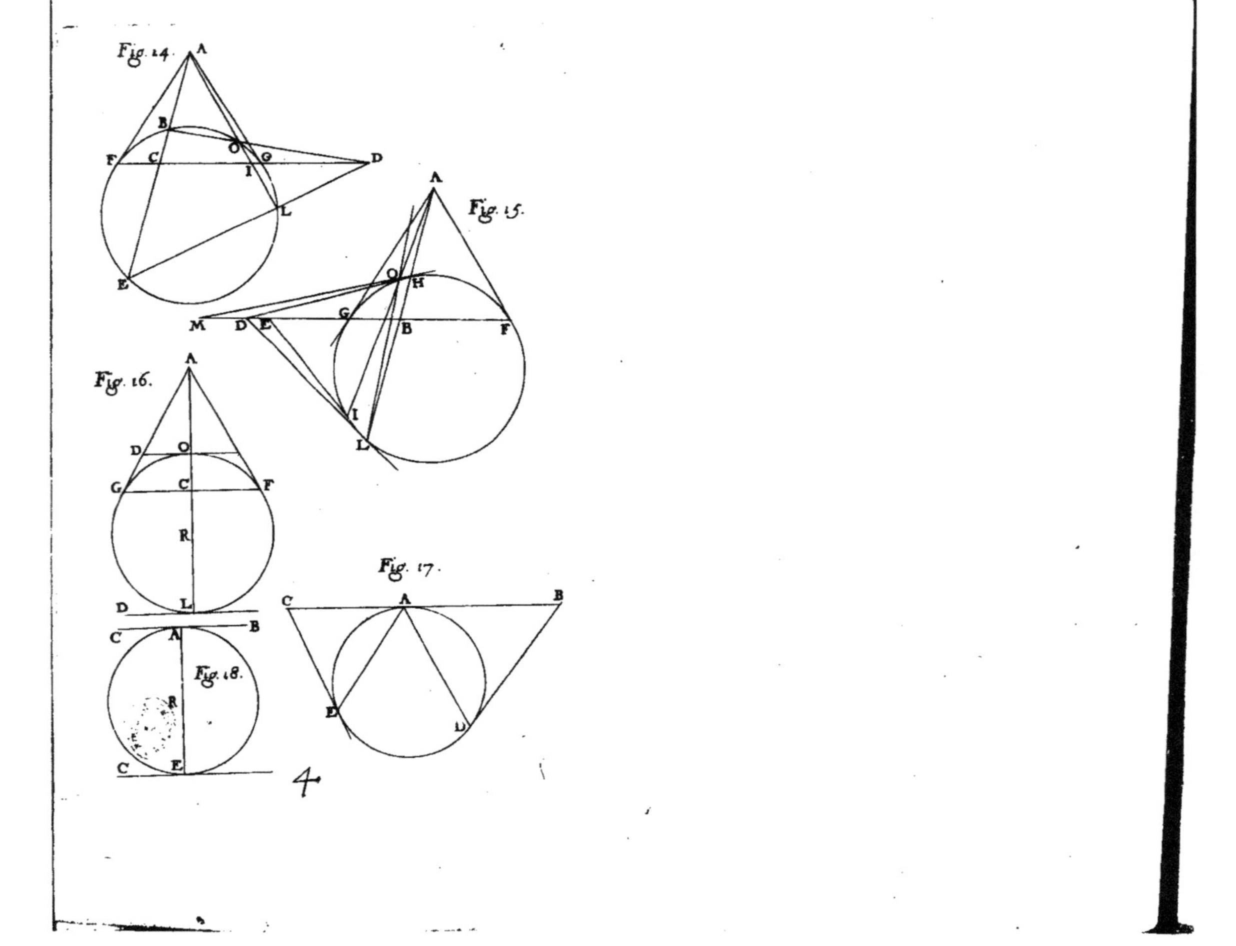
Fig. 14.
Fig. 15.
Fig. 16.
Fig. 17.
Fig. 18.
4

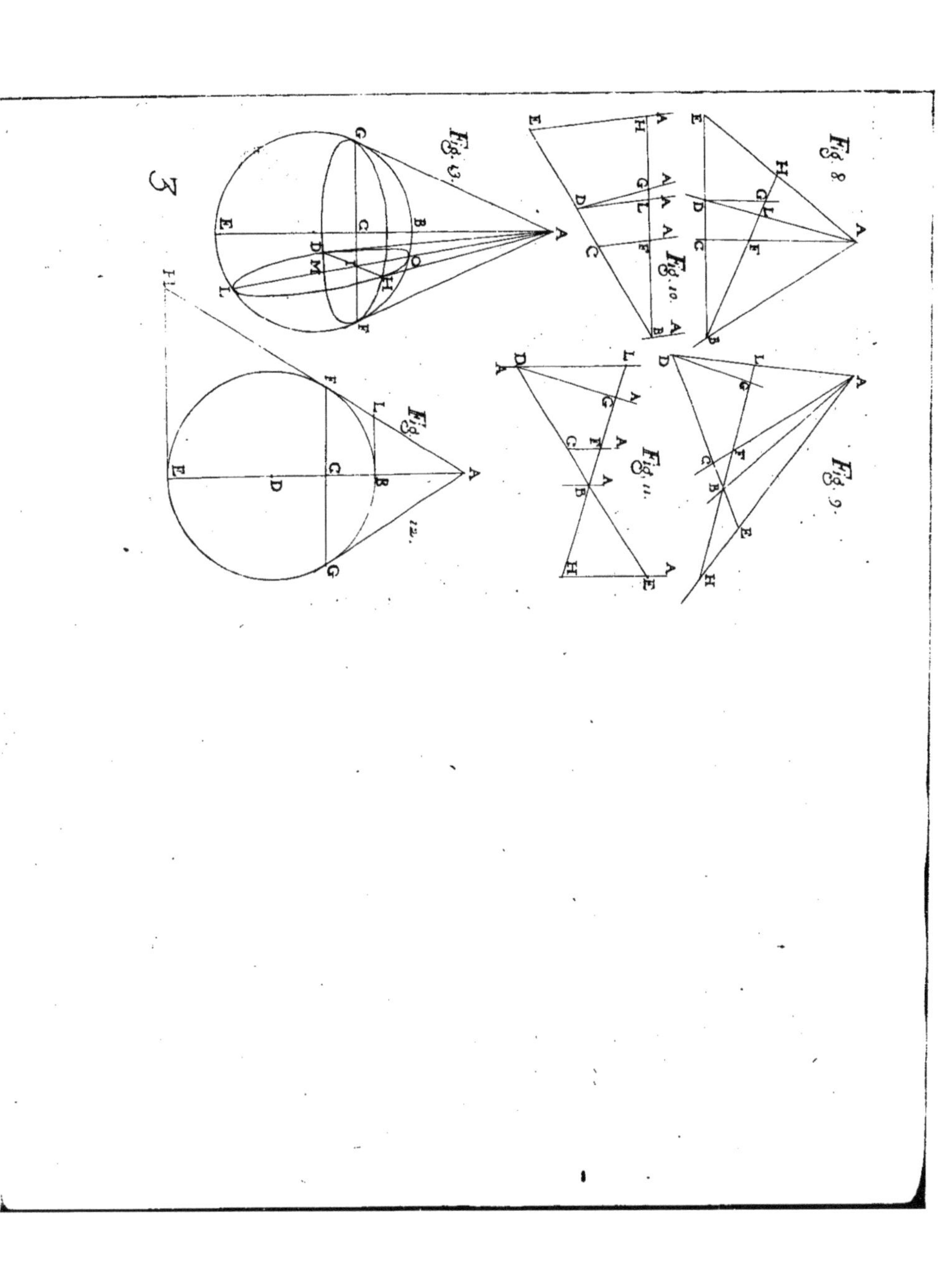

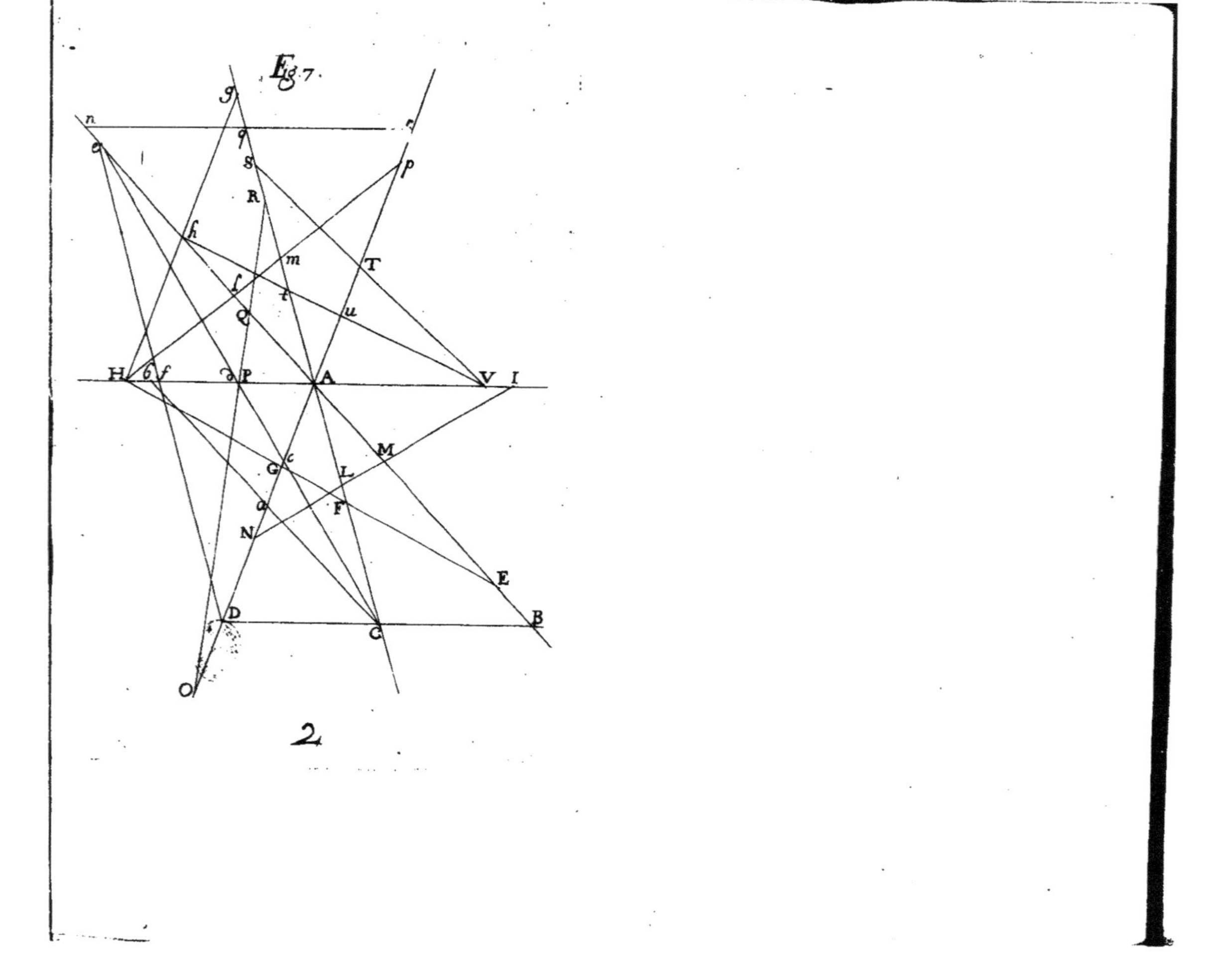
Fig. 7.

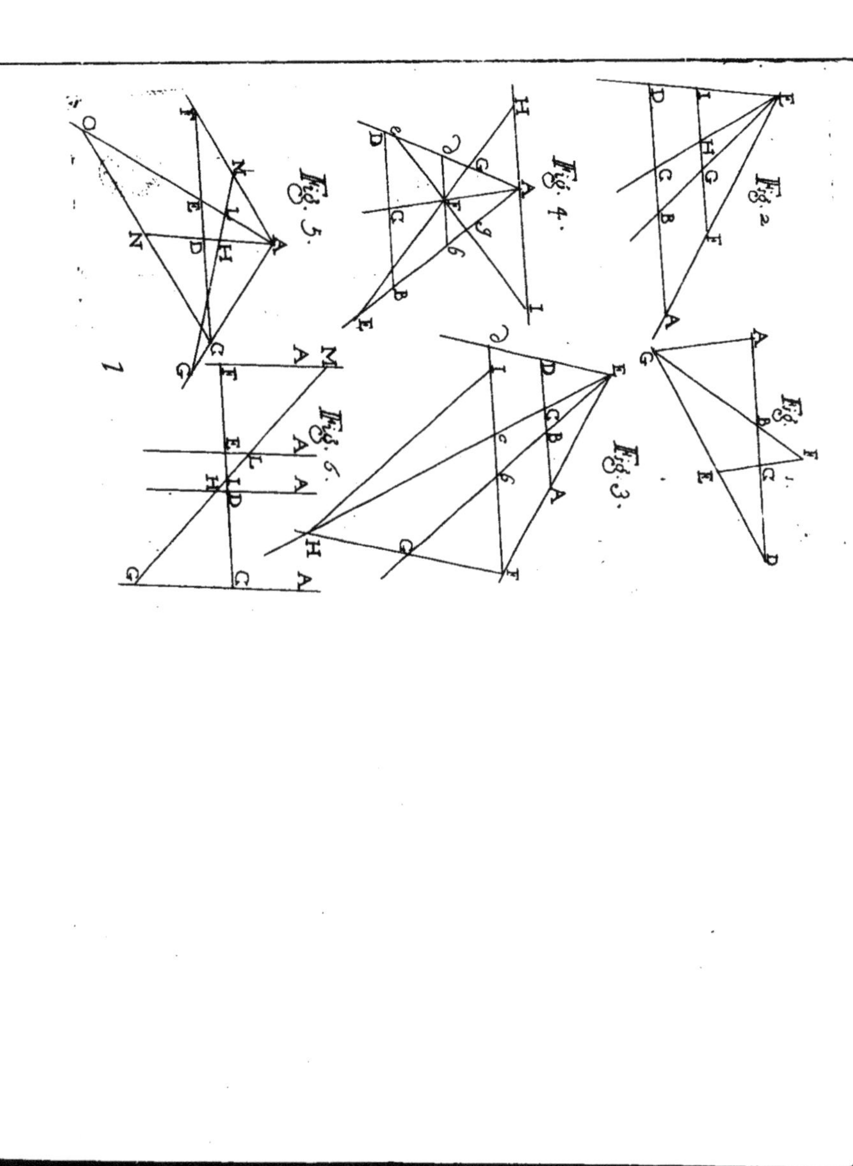

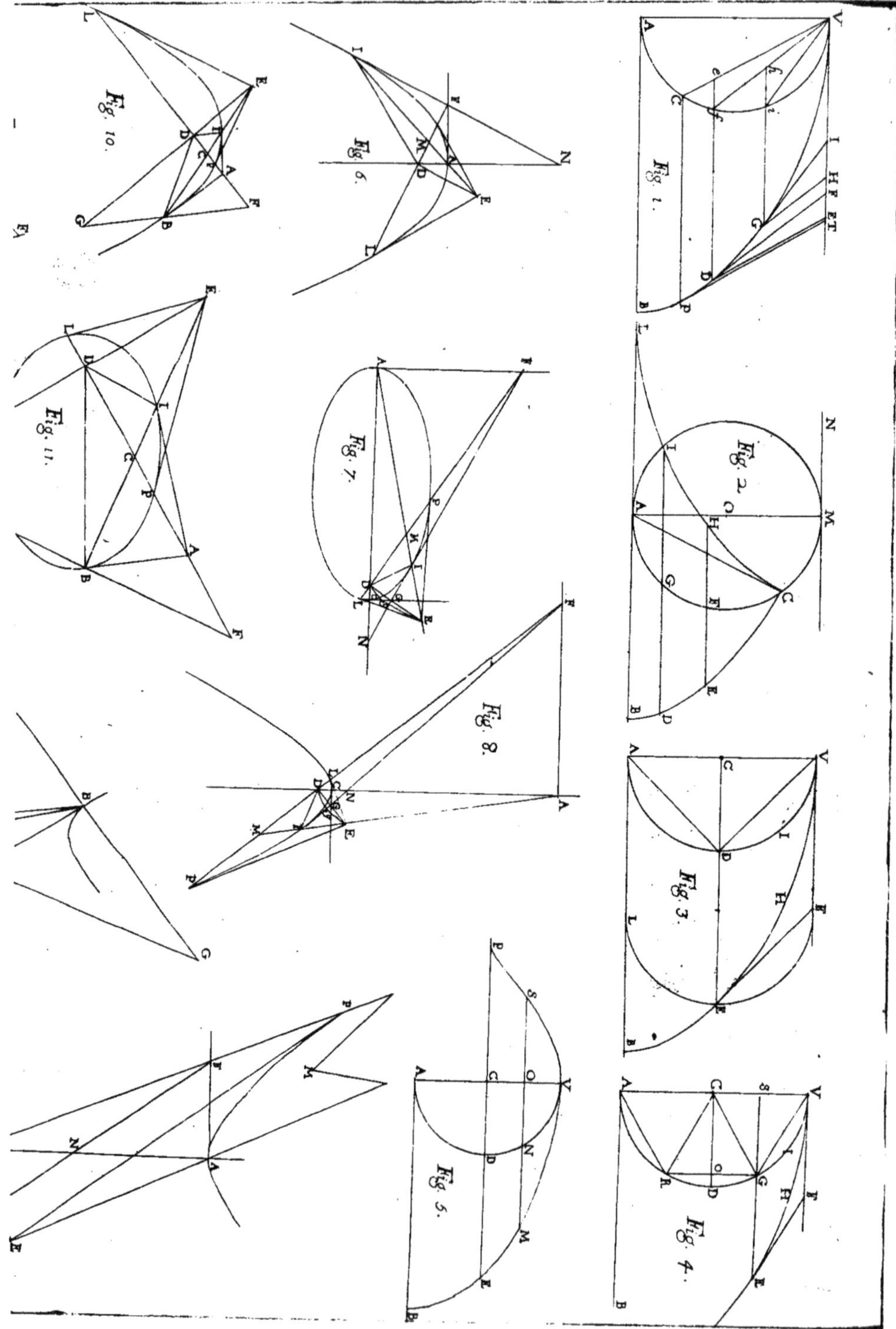

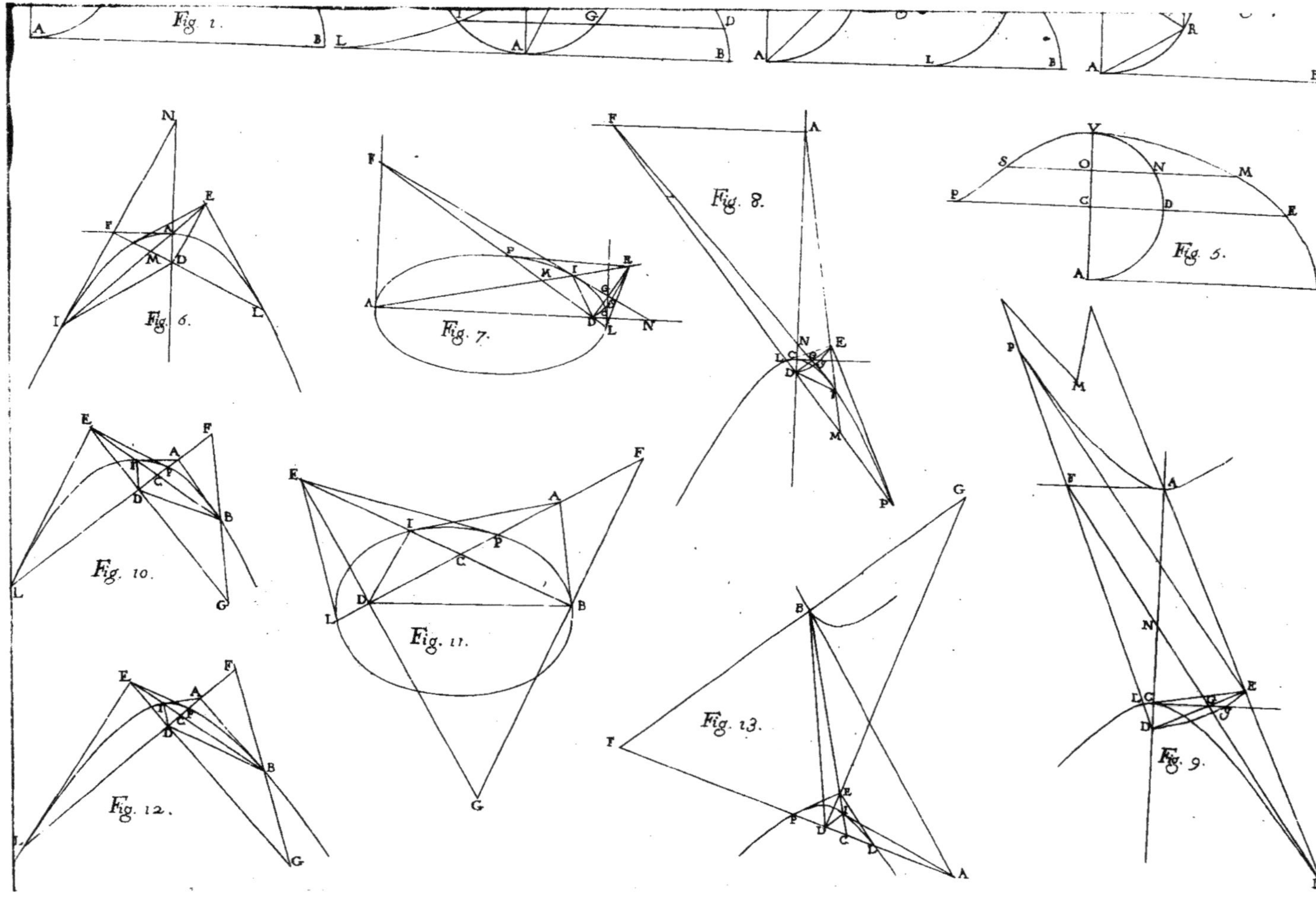

Fig. 1.
Fig. 5.
Fig. 6.
Fig. 7.
Fig. 8.
Fig. 9.
Fig. 10.
Fig. 11.
Fig. 12.
Fig. 13.

LEMMES.

Definition.

'A p p e l l e une ligne droitte A D couppée en 3 parties har- *Fig.*
moniquement quand le rectangle contenu fous la toutte A D *1,*
& la partie du milieu B C eſt égal au rectangle contenu fous les
deux parties extremes A B, C D : ou bien lorſque la toutte A D eſt à
l'une des 2 extremes A B ou C D comme l'autre extreme C D ou A B
eſt à la partie du milieu ce qui eſt la meſme choſe.

Lemme 1.

Coupper une ligne droitte donnée A D en trois parties harmoni- *Fig.*
quement. *1.*

De l'une des extremitez D de la ligne A D ſoit tiré la ligne D G
faiſant quelqu'angle avec la ligne A D & ſoit D G à D E en quelle
proportion l'on voudra, & ayant tiré la ligne G A, par le point E on
menera une ligne E C F paralelle à G A & C F eſtant priſe égale à C E
que l'on joigne G F qui couppera la ligne A D au point B : Je dis que
comme D A eſt à D C ainſi B A eſt à B C.

Dans le triangle D G A la ligne E C étant paralelle à la baſe G A,
D G ſera à D E comme D A à D C & comme D A à D C auſſi G A
à E C ou à C F ſon égale : mais à cauſe que les lignes G A & C F ſont
paralelles les triangles B A G, B C F ſeront ſemblables, & par conſequent G A ſera à C F comme B A à B C, mais G A eſt à C F comme
D A à D C : D A ſera donc à D C comme B A à B C, ce qu'il falloit
faire.

Lemme 2.

Si une ligne droitte A D eſtant couppée en trois parties harmoni- *Fig.*
quement, & ayant pris un point E hors de cette ligne meſme ſi elle *2.*
étoit prolongée, ſi l'on tire de ce point E des lignes prolongées par les
poins de diviſion A, B, C, D de la ligne A D : Je dis que la ligne F I

A

menée paralelle à A D & couppant les 4 lignes E A , E B , E C , E D
aux poins F , G , H , I sera aussi couppée en ces poins en 3 parties harmoniquement.

Dans le triangle E A D la ligne droitte F I est paralelle à la base
A D ; donc dans chaque triangle E A B , E B C , E C D les parties de
la ligne F I à sçavoir F G , G H , H I seront paralelles aux bases A B ,
B C , C D ; c'est pourquoy comme A D est à F I ainsi E A est à E F
& comme E A est à E F ainsi A B est à F G : Mais comme E A est à
E F ainsi E B est à E G : Mais comme E B est à E G ainsi B C à G H.
deplus comme E A est à E F ainsi E C est à E H ; & comme E C est à
E H ainsi C D à H I , c'est pourquoy comme la toutte A D & chacune
de ses parties A B , B C , C D sont entr'elles ainsi la toutte F I & chacune de ses parties aussi F G , G H , H I seront entr'elles estant chacune separement l'une à l'autre comme E A à E F ainsi qu'il a esté démontré. C'est pourquoy puisque A D est à A B , comme C D est à
C B ; ainsi F I sera à F G comme H I à H G , ce qu'il falloit prouver.

Scholie.

Mais si l'on tire par les poins de division A , B , C , D , de la ligne
A D des lignes E A , E B , E C , E D paralelles entr'elles : Je dis de
mesme que la ligne F I menée paralelle a A D couppant ces quatre
lignes aux poins F , G , H , I , sera divisée par ces mesmes poins en 3
parties harmoniquement.

La demonstration en est évidente puisque ces 4 lignes E A , E B ,
E C , E D étant paralelles entr'elles & les 2 A B , F I étant aussi entr'elles composent les 4 paralellogrammes A I , A G , B H & C I &
pat consequent les costez opposes seront égaux & en mesme proportion entr'eux, ce qu'il falloit démontrer.

Lemme 3.

Fig.
3.
Les mesmes choses que cy-devant étant posées : si l'on mene la ligne
droitte F H paralelle à l'une des extremes E A ou E D des 4 lignes menées du point E par les poins de division de la ligne A D : Je dis que la
ligne F G H sera couppée en 2 parties égales par les 3 autres lignes
E A , E B , E C.

Du point F on tirera la ligne F *d* paralelle à A D & du point H on
tirera H I paralelle à celle du milieu E B des trois lignes qui couppent
la ligne F H jusques à la rencontre de F *d* en I.

Par le Lemme precedent la ligne F *d* fera couppée en 3 parties aux
poins F, *c*, *b*, *d* harmoniquement : mais à caufe des paralelles E *d*
& F H les triangles *c d* E, *c* F H feront femblables, c'eſt pourquoy
E *c* fera à *c* H comme *d c* à *c* F & en compoſant E H fera à E *c*
comme *d* F à *d c* & en raifon inverſe E *c* fera à E H comme *d c*
à *d* F. par meſme raiſon à caufe des paralelles E *b*, H I les triangles
c E *b*, *c* H I feront femblables & en compoſant & renverſant comme cy-devant E *c* fera à E H comme *b c* à *b* I, donc *b c* eſt à *b* I
comme *d c* eſt à *d* F : mais comme *d c* eſt à *d* F de poſition ainſi
b c eſt à *b* F de poſition, *b c* fera donc à *b* F comme *b c* à *b* I &
par conſequent *b* F & *b* I feront égales : mais au triangle F H I, *b* G
eſt paralelle à la baſe H I & la ligne *b* G diviſe en 2 également la
ligne F I au point *b* : elle diviſera donc auſſi en 2 également la ligne
F H au point G, ce qu'il falloit prouver.

Lemme 4.

Une ligne droitte B D étant couppée en 2 également au point C; ſi *Fig.*
l'on prend quelque point A hors de cette ligne meſme ſi elle étoit pro- 4.
longée, & ayant mené les lignes A B, A C, A D prolongées vers les
parties de B D, ſi l'on tire par le point A la ligne I A H paralelle à B D :
Je dis que la ligne droitte E H couppant les lignes A B, A C, A D,
A H aux poins E, F, G, H, fera couppée en 3 parties harmoniquement en ces meſmes poins.

Que l'on mene par le point F la ligne droitte *b* F *d*, paralelle à B D
qui fera diviſée en 2 également en F : mais *b* F *d* & A H étant paralelles les triangles E *b* F, E A H feront femblables donc E F fera à E H
comme *b* F à A H, mais comme *b* F eſt à A H ainſi F *d* qui eſt égale
à *b* F fera à A H & à caufe des paralelles F *d* & A H les triangles G F *d*,
G H A feront femblables & par conſequent comme F *d* eſt à A H
ainſi G F eſt à G H, mais auſſi comme F *d* eſt à A H ainſi E F eſt à E
H donc E F eſt à E H comme G F eſt à G H, ce qu'il falloit démontrer.

Corrolaire.

De cecy il eſt évident que les lignes A I, A B, A C, A D, A H
font diſpoſées de telle façon que de quelque maniere qu'on les couppe
foit avec la ligne E H ou avec la ligne *e* I elles feront toûjours ſur la
ligne couppante 3 parties E F, F G, G H ou bien *e* F, F *g*, *g* I en forte
que ces lignes feront ainſi couppées en ces trois parties harmonique-

ment pourveu que la ligne couppante couppe quatre de ces lignes :
car si elle n'en couppoit que trois & qu'elle fut paralelle à une quatriéme elle seroit divisée par ces trois lignes en 2 parties égales par le
Lemme troisiéme.

Lemme 5.

Fig.
5.   Une ligne droite C F estant couppée aux poins C, D, E, F, en trois
parties harmoniquement : si l'on prend quelque point A hors de cette
ligne, mesme si elle estoit prolongée & si ayant tiré des lignes A C,
A D, A E, A F prolongées par le point A & par les poins de division
de la ligne C D E F, on tire quelque ligne G M qui couppe ces 4 lignes aux poins G, H, L, M : Je dis que la ligne G M est couppée en
3 parties par les poins G, H, L, M harmoniquement.
Car ayant mené du point C la ligne C O paralelle a A F la ligne
droitte C O sera couppée en deux également au point N par la ligne
A D par le 3me Lemme & par le Corrolaire du 4me les lignes A C,
A D N, A E O, A F seront disposées de telle façon que la ligne droite G M les couppant toutes quatre aux poins G, H, L, M elle sera
divisée par ces mesmes poins en 3 parties harmoniquement, ce qu'il
falloit démontrer.

Scholie.

Fig.
6.   Mais si par les poins de division de la ligne C F on tire les lignes
A C, A D, A E, A F toutes paralelles entr'elles : Je dis aussi que la
ligne G M couppant ces 4 lignes aux poins G, H, L, M sera divisée
par ces mesmes poins en 3 parties harmoniquement.
La demonstration de cecy est claire : car à cause des paralelles les
triangles I M F, I L E, I G C, I H D seront semblables & en composant & divisant leurs costez qui sont entr'eux en mesme proportion
on fera comme la toutte F C à la toutte M G ainsi la partie F E à la
partie M L & comme D C à H G ainsi D E à H L donc M G à M L
comme H G à H L car F C est donnée deposition à F E comme D C
à D E.

Lemme 6.

Fig.
7.   Si une ligne droitte E H est couppée aux poins E F G H en trois
parties harmoniquement, & ayant pris quelque point A hors de cette
ligne mesme si elle estoit prolongée & que de ce point on tire des

lignes A E, A F, A G, A H par les poins de la ligne A H, si l'on
prolonge ces lignes au delà de la ligne E H & au delà du point A on
aura les huit lignes A E, A F, A G, A H, A Q, A S, A T, A I qui
estant couppées comme on voudra par quelque ligne droite : Je dis que
si cette ligne couppante comme V S est paralelle à quelqu'une des autres B A Q & B D paralelle à I A H, les sections faites sur la ligne
couppante par les 3 lignes seulement qu'elle couppera seront égales
comme V T, T S, & B C, C D : mais si la ligne couppante n'est
point paralelle à aucune des 8 elle en couppera quatre, & elle sera divisée par ces 4 lignes en trois parties harmoniquement comme I N,
& R O.

La ligne C *a b* estant menée paralelle à B A extréme des 4 lignes
A B, A C, A D, A H par le 3 Lem. sera divisée en 2 également au
point *a.*

Et par le 4 Lemme. C *b* estant divisée en 2 également en *a* & B A
luy estant paralelle : si l'on mene la ligne C *c d e* couppant les lignes
droites A C, A *a*, A *b*, A Q aux poins C, *c*, *d*, *e* cette ligne C *e* sera
couppée par ces mesmes poins en 3 parties harmoniquement.

Derechef les 4 lignes A C, A D, A H, A *e* estant posées si la ligne
droite D *f e* en couppe trois & qu'elle soit paralelle à l'une des extrémes A C, elle sera couppée par ces 3 lignes A D, A H, A *e* en deux
parties égales D *f*, & *f e* par le 3ᵐᵉ Lemme.

Et par le 4ᵐᵉ Lemme les 4 lignes A D, A *f*, A *e*, A S sont disposées
de telle façon que si elles sont couppées par la ligne O R qui les couppe toutes 4 aux poins O, P, Q, R cette ligne O R sera couppée en
ces mesmes poins harmoniquement.

De mesme façon si l'on tire la ligne H *g* paralelle à A O l'une des
extrémes des 4 lignes A O, A P, A Q, A R & couppant les 3 autres
aux poins H, *h*, *g*, cette ligne H *g* sera couppée par ces mesmes poins
en deux parties égales au point *h* par le 3ᵐᵉ Lemme.

Et par le 4ᵐᵉ Lem. les 4 lignes A H, A *h*, A *g*, A T sont tellement
disposées qu'estant couppées toutes 4 par la ligne H *p* aux poins H,
l, *m*, *p* cette ligne H *p* sera couppée par ces mesmes poins en 3 parties
harmoniquement.

Deplus si l'on tire la ligne *r n* paralelle à A H l'une des extrémes
des 4 lignes A H, A *l*, A *m*, A *p* elle sera couppée par les 3 autres
aux poins *r*, *q*, *n* en 2 parties égales par le 3ᵐᵉ Lemme.

Et par le 4ᵐᵉ Lem. les 4 lignes A *n*, A *q*, A *r*, A I sont disposées

de telle façon qu'eſtant couppées toutes 4 par la ligne V *h* aux poins
V , *u* , *t* , *h* cette ligne V *h* ſera couppée par ces meſmes poins en 3
parties harmoniquement.

Et enfin par le 3me Lemme ſi l'on tire la ligne V S paralelle a A *h*
l'une des extremes des 4 lignes A *h* , A *t* , A *u* , A V cette ligne V S
ſera couppée par les 3 autres en 2 parties égales aux poins V , T , S
& ainſi du reſte , ce qu'il falloit démontrer.

Lemme 7.

Fig.
8.
9.
10.
11.

Si deux lignes droites B E , B H ſont couppées chacune en 3 parties
harmoniquement , à ſçavoir B E aux poins B , C , D , E & B H aux
poins B , F , G , H , & que dans ces deux lignes il y ait un point de
diviſion B qui ſoit commun : Je dis que les lignes droites E H , D G ,
C F qui joindront les autres poins de diviſion des lignes B E , B H
eſtant pris par ordre depuis le point commun B conviendront toutes
en un meſme point A , ou feront paralelles entr'elles.

Soit la ligne D G ſi faire ſe peut qui ne convienne pas avec les autres
au point A ou bien qui ne ſoit pas paralelle aux autres. Par le point
D ſoit tiré la ligne D L A qui convienne au point A avec les autres
ou bien qui ſoit paralelle aux autres ſi elles ſont paralelles entr'elles ;
cette ligne D L A couppera la ligne B H au point L , & par le Lemme
5me & ſon Scholie , la ligne B H eſtant couppée aux poins B, F, L, H,
par les lignes A B , A C , A D , A E qui tendent en un meſme point
A ou qui ſont paralelles entr'elles & qui paſſent par les poins de diviſion de la ligne B E , ſera diviſée par ces meſmes poins B , L , F , H
en 3 parties harmoniquement , c'eſt-à-dire que L F ſera à L H comme
B F à B H mais comme B F eſt à B H ainſi G F à G H eſt donnée de
poſition : G F ſera donc à G H comme L F à L H & en diviſant ou
en compoſant G F ſera à F H comme L F à F H : G F & F L ſeront
donc égales ce qui eſt abſurd : car l'une a eſté poſée partie de l'autre.
Il eſt donc évident que la ligne D G conviendra avec les autres au
point A ou bien leur ſera paralelle ſi elles le ſont entr'elles , ce qu'il
falloit prouver.

Lemme 8.

Fig
11.

Si du point A pris hors d'un cercle B G E F on mene deux lignes
A F , A G , qui touchent le cercle aux poins F & G & une autre A E qui
le couppant paſſe par le centre , & ſi l'on joint les attouchemens F , G

par la ligne F G qui rencontrera la ligne A E en C : Je dis que cette
ligne A E sera divisée par les 4 poins A, B, C, E, en 3 parties harmoniquement.

Puisque A F & A G touchent le cercle elles seront égales & les angles A F C, A G C seront aussi egaux & la ligne A E sera perpendiculaire à F G. Si des extremitez du diamettre B E on luy éleve des perpendiculaires B L, E H elles toucheront aussi le cercle aux mémes extremitez B & E, & elles rencontreront la touchante A F aux poins
L & H. Mais F H & E H étant touchantes seront égales, & pour la
méme raison F L & L B seront aussi égales. Maintenant dans le triangle A H E les lignes droites F C & L B sont paralelles à la base H E :
A H sera donc à A L comme H E à L B : Mais H E & H F sont égal-
les, F L & L B le sont aussi. A H sera donc à A L comme H F à F L.
Mais comme A H à A L & F H à F L ainsi A E à A B & C E à C B
ce qui étoit proposé.

Lemme 9.

Les mémes choses que dans le precedant estant posées & demon- *Fig.*
trées : Je dis que toutes les lignes A L qui étant menées du point A *13.*
couppent le cercle seront divisées par la ligne F G en I, par le cercle en L & en O, & par le point A en 3 parties harmoniquement.

Par les deux lignes F G & A L soit mené deux plans G D F H,
O D L H perpendiculaires au plan du cercle G B F E, puis du point
C pour centre & intervalle C G ou C F son égale soit décrit le cercle
G D F H, & ayant partagé O L en deux également au point M,
du point M pour centre & intervalle M O ou M L soit décrit le cercle
O D L H. Or ces deux cercles auront pour commune section la ligne
G D perpendiculaire au plan du cercle G B F E, & par consequent perpendiculaire à la ligne A O L, & cette méme ligne H D sera une corde
commune à ces 2 mêmes cercles, c'est-à-dire que les 2 circonferen-
ces se rencontreront aux poins H & D : car dans le cercle G B F E le
rectangle soûs G I, F I est egal au rectangle soûs L I, O I mais le rectangle soûs G I, F I dans le cercle G D F H est egal au quarré de
I D, & le rectangle soûs L I, O I est aussi égal au quarré de I D dans
le cercle O D L H ces 2 lignes I D dans chaque cercle seront donc
egales & communes, & par consequent aussi leur double H I D. mais
toutes les lignes tirées du point A à la circonference du cercle G D
F H seront toutes egales entr'elles & aux lignes A F, A G & ainsi

les lignes A D & A H feront égales entr'elles & aux lignes A F
& A G. maintenant au cercle B F G E le rectangle foûs A L, A O
eft egal au quarré de A F touchante ; mais au cercle O D L H le rectangle auffi foûs A L , A O fera egal au quarré de fa touchante venant du méme point A c'eft-à-dire au quarré de A D ou de A H qui
eft egal au quarré de A F à qui le rectangle foûs A L , A O eft égal
mais les lignes A D & A H rencontrent le cercle O D L H aux poins
D & H , elles le toucheront donc en ces mémes poins D & H. Et par
le Lemme precedent la ligne H D qui joint les attouchemens rencontrant la ligne A L qui paffe par le centre M la couppera en I enforte
que comme A L eft à A O ainfi I L eft à I O, ce qu'il falloit demontrer.

Lemme 10.

Fig.
14.
Si du point A pris hors le cercle B O L E on mene deux lignes
A G, A F touchant le cercle aux deux poins G & F & ayant mené
la ligne F G prolongée : Si du méme point A on tire les deux lignes
A L , A E qui couppent le cercle aux poins O, L , B, E ; Je dis que
les lignes qui lient les poins B O, E L conviendront en un méme
point fur la ligne F G , ou bien feront paralelles entr'elles & à la ligne
F G

Par le Lemme precedent les lignes A L & A E feront chacune couppée aux poins A, O, I, L, & A, B, C, E, en trois parties harmoniquement , & par le 7ᵉ Lemme puifque ces deux lignes eftant ainfi divifées ont un point commun de divifion A les lignes B O, C I, E L
conviendront en un méme point ou feront paralelles entr'elles & fi el-
les conviennent ce fera neceffairement fur la ligne C I l'une d'entr'el-
les, & fi elles font paralelles elles le feront auffi à la ligne C I qui
en eft une ce qu'il faloit démontrer.

Lemme 11.

Fig.
15.
Si du point pris hors du cercle F O G L on mene les lignes A F,
A G qui touchent le cercle aux poins F & G & ayant tiré la ligne F G
prolongée qui joint les attouchemens : fi dans cette ligne F G l'on prend
quelque point D hors du cercle , & fi de ce point D on tire deux lignes
D L , D O qui touchent le cercle aux poins L & O : Je dis que la ligne L O qui joindra ces attouchemens , paffera par le point A

Que la ligne L O ne paffe pas par le point A fi faire fe peut, on pourra
donc mener du point A deux lignes differentes A L , A O I qui pafferont

ront par les attouchemens L & O & qui couperont le cercle aux poins H, L, & O, I, & par le Leme precedent les lignes H O & L I s'assembleront en un même point sur la ligne F G ce qui est impossible ; car puisque la ligne D O touche le cercle & que le point H est sur la circonference du cercle, la ligne H O sera au dedans de l'angle O D L & étant prolongée au delà de O elle sortira de cét angle & rencontrera la ligne F G en M au dessus de D sommet de l'angle : mais la ligne L I prolongée au delà de I qui est dans l'angle rencontrera aussi dans l'angle O D L la ligne F G au point E. Par cette supposition on tombera donc dans une contrarieté manifeste au 10 Lemme, c'est pourquoy ce qui a esté proposé est vray.

Scholie.

Si les lignes touchantes D O, D L sont paralelles entr'elles & à la *Fig.* ligne F G la même chose arrivera encore, car la ligne L O qui joindra 18. les attouchemens passera par le centre du cercle R & sera perpendiculaire aux lignes droites D O, D L & par consequent à F G cette même droite L O passant par le centre du cercle & étant perpendiculaire à F G la couppera en 2 également au point C & par consequent passera par le point A sommet du triangle Isocelle FA G.

Lemme 12.

Si une ligne droite B A C touche un cercle au point A : Je dis que si *Fig.* l'on prend sur cette ligne B A C tant de poins que l'on voudra comme 17. B & C & que de ces poins on mene des lignes qui touchent le cercle, toutes les lignes D A, E A qui joindront les attouchemens, conviendront au même point touchant A sur la circonference du cercle.

La proposition est évidente d'elle-même. Car puisque toutes ces touchantes ont un point commun A, celles qui joindront les attouchemens D A, E A auront aussi le même point A commun. Ce qui étoit proposé.

Scholie.

Mais si l'on mene la ligne droite C E qui touchant le cercle au *Fig.* point E, soit paralelle à B C A, la droite E A qui joint les attouche- 18. mens passera par le centre du cercle R, cela est évident par la seule position.

Lemme 13.

Si du point A pris hors du cercle B E D G on mene 3 lignes droites,
dont l'une A M D paſſe par le centre du cercle , l'autre A L ſoit perpendiculaire à celle-cy, & la derniere A G couppe le cercle aux 2 poins
F, G, & du point G ayant tiré la ligne G E paralelle à A L , on men-
nera la ligne E F L par les poins E & F juſques à la rencontre de la
ligne A L en L & cette ligne rencontrera dans le cercle la ligne A D
au point C & elle ſera diviſée par les 4 poins E, C, F, L, en 3 parties
harmoniquement.

Puiſque la ligne G E a eſté menée paralelle à A L elle ſera donc
auſſi perpendiculaire à B D diametre du cercle, & par conſequent elle
ſera coupée en 2 egallement au point N par la même ligne B D : Mais
puiſque A L eſt paralelle à G E & que G E eſt couppée en 2 egallement au point N par le corr. du 4 Lemme , la ligne E L ſera coupée aux 4 poins E C F L , par les 4 lignes A E , A N , A G, A L harmoniquement , ce qu'il falloit prouver.

Corrolaire.

Je dis de plus que la ligne O C I H qui paſſe par le point C & qui
eſt paralelle à A L joindra les attouchemens des touchantes menées
du point A, car à cauſe des paralelles , E G , O H , A L par le Scholie
du 5 Lemme la ligne A G ſera coupée aux poins A, F, I, G en 3 parties
harmoniquement , & par le converſe du 9 Lemme la ligne O H joindra les attouchemens des lignes tirées du point A & par conſequent
auſſi la ligne A D ſera couppée de même aux poins A, B, C, D.

Lemme 14.

Si du point A pris hors du cercle B E D G on mene deux lignes droites
dont l'une A M D paſſe par le centre du cercle & l'autre A L ſoit perpendiculaire à A D. Ayant diviſé A D au point C en ſorte que A D
ſoit à A B comme C D à C B : Je dis que ſi de quelque point L de la
ligne A L on tire la ligne L E qui paſſe par le point C , cette ligne L E
ſera diviſée aux poins L F C E en 3 parties harmoniquement.

Par le point A & par le point F ayant tiré la ligne A F G & du point
G la ligne G E paralelle à A L , ſi la ligne G E convient avec la ligne
L E au point E la propoſition eſt évidente par le precedent Lemme :
mais s'il eſt poſſible que la ligne par le point G paralelle à A L ne con-

vienne pas en un mesme point E avec L C sur la circonference du cercle & soit s'il se peut faire la ligne G P paralelle à A L du point P soit mené la ligne P F qui couppera par le Lemme 13 la ligne A D au point C ainsi qu'il a esté pris, les 2 lignes passant donc chacune par les poins F, C, E ; F, C, P, auront la partie F C commune & l'autre non, ce qui est absurd ; donc ce qui a esté proposé est vray.

Lemme 15.

Si l'on prend tant de poins que l'on voudra M, A, N sur une ligne M N menée en sorte qu'estant prolongée elle ne puisse pas rencontrer le cercle B E D, & si de ces poins M, A, N, on tire des lignes M I, M O : A E, A F : N G, N H qui touchent le cercle aux poins I, O : E, F ; G, H. Je dis que les lignes I O, E F, G H joignant les attouchemens conviendront toutes en un mesme point C dans le cercle. *Fig. 21.*

Par le centre du cercle R soit tiré la ligne *d* R C *b a* perpendiculaire à M N, puis soit fait comme *a d* à *a b* ainsi C *d* à C *b*, & par les poins M, A, N & par le point C soit tiré les lignes M C L, A C D, N C I, par le Lemme precedent la ligne droite A D sera couppée aux poins A, B, C, D en trois parties harmoniquement. Je dis aussi que la ligne E F qui joint les attouchemens des lignes menées du point A passera par le point C : car s'il est autrement elle couppera au point S different du point C, la ligne A D : mais puisque E S F joint les attouchemens E, F, par le 9 Lemme la ligne A D sera couppée aux poins A B, S D en 3 parties harmoniquement, c'est à dire que A B sera à A D comme S B à S D, mais il a esté démontré cy-devant qu'elle estoit couppée aussi en la mesme proportion aux poins A, B, C, D. C'est pourquoy A B sera à A D comme C B à C D ; C B sera donc à C D comme S B à S D & en composant B D sera à C D comme B D à S D ; C D & S D seront donc égales ce qui est absurd : car l'une a esté prise partie de l'autre, c'est pourquoy la ligne E F passera par le point C. on démontrera de la mesme façon que les lignes I O & G H y passeront aussi, ce qu'il falloit démontrer.

Corrolaire.

Il sera aussi manifeste que si dans un cercle B E D F on prend un point C & que de ce point on mene autant de lignes que l'on voudra E C F, I C O, G C H qui se terminent d'un costé & d'autre à la circonference du cercle, & que des poins E, F : I, O : G, H où se ter-

B ij

minent chacune de ces lignes l'on mene des touchantes au cercle elles
conviendront deux à deux aux poins A , M , N fur une mefme ligne
droite , ce qui eft le converfe de ce Lemme pourveu que le point C ne
foit pas le centre du cercle.

Scholie.

Fig.
22.
    Mais fi l'on mene les lignes A E , A F qui touchant le cercle aux
poins E & F foient paralelles à la ligne M N : la ligne E F qui joindra
les attouchemens paffera auffi par le point C & par le centre du cercle
R. Puifque les touchantes font paralelles il eft évident que E F qui
joint les attouchemens paffera par le centre du cercle R , mais la mefme ligne E F fera perpendiculaire aux touchantes , & par confequent
à la ligne M N qui leur eft paralelle , c'eft pourquoy la ligne E F fera
jointe à la ligne *d a* : car elles paffent toutes deux par le centre du
cercle & font perpendiculaires à la ligne M N , mais le point C a efté
pris fur la ligne *d a* il fe trouvera donc auffi fur la ligne E F , ce qu'il
falloit prouver & le converfe eft auffi évident.

Lemme 16.

Fig.
23.
    Une ligne L M couppant un cercle B C E D fi l'on prend tant de
poins que l'on voudra L, M, N fur cette ligne L M & hors du cercle,
& que de ces poins pris on mene des lignes L H, L I : M F, M G,
N O, N P qui touchent le cercle aux poins I , H : F , G ; O P ; Je
dis que les lignes I H, G F, O P qui joignent les attouchemens conviendront toutes en un mefme point A hors du cercle.

    Si des poins C & D où la ligne L M couppe le cercle , on mene des
touchantes au cercle C A, D A qui s'entrecouppent au point A par le
11 Lemme les lignes I H , G F , O P conviendront toutes au mefme
point A , ce qu'il falloit montrer.

Scholie.

Fig.
24.
    Mais fi la ligne L M paffe par le centre du cercle , les lignes I H, G F,
O P qui joindront les attouchemens feront toutes paralelles entr'elles.
Ce qui n'a pas befoin de démonftration.

Corrolaire.

    Il s'enfuit de ce qui a efté démontré dans les 12, 15, & 16 Lemmes
que fi l'on prend 2 poins hors d'un cercle & que la ligne qui joint ces

poins touche le cercle : les lignes qui joindront les attouchemens au cercle des lignes menées de ces poins se rencontreront en un point sur la circonference du cercle. Ou bien au contraire.

Mais si la ligne qui joint les poins ne rencontre pas le cercle : les lignes qui joindront les attouchemens se rencontreront en un mesme point dans le cercle. Ou au contraire.

Enfin si la ligne qui joint les poins couppe le cercle & ne passe pas par le centre : les lignes qui joindront les attouchemens se rencontreront en un mesme point hors du cercle. Ou au contraire.

Lemme 17.

Si du point A pris hors du cercle B C D E on mene les lignes A B, *Fig.* A C qui touchent le cercle aux poins B & C & ayant tiré la ligne B C 25. prolongée hors le cercle : Si de quelque point G pris dans cette ligne 26. B C hors le cercle on mene deux touchantes G D, G E au cercle : Je 27. dis que ces 4 touchantes seront couppées l'une par l'autre & par celles qui joignent les attouchemens en 3 parties harmoniquement pourveu qu'elles ne soient pas paralelles entr'elles ; car celles qui seront paralelles entr'elles seront couppées par les autres en 2 parties égales.

Si la ligne droite G D rencontre les 3 lignes A B, A E, A C aux poins I, D, H, cette ligne droite G I sera divisée par les poins G, H, D, I, en 3 parties harmoniquement : car par le 9 Lemme la ligne G B sera divisée aux poins G C M B en cette mesme raison, & puisque les lignes A G, A C, A M, A B viennent du point A & passent par les poins de division G, C, M, B de la ligne G B & puis qu'elles couppent la ligne G I aux poins G, H, D, I par le 5 Lemme la ligne G I sera couppée en ces mesmes poins, ainsi qu'il a esté dit.

Mais la ligne droite G E dans la 25 figure estant paralelle à A B sera couppée en deux egalement au point F par le Lemme 3. Et dans la 26 figure cette ligne rencontrant les 4 lignes A G, A C, A M, A B cy-devant dites aux poins G, F, E, L, sera divisée par ces poins en 3 parties harmoniquement par le Lemme 5 & dans la 27 figure cette même ligne G E rencontrant les 3 lignes A G, A C, A M aux poins G, E, F & la 4me B A prolongée au delà du point A, au point L cette ligne L E sera divisée aussi aux poins L G, F, E en 3 parties harmoniquement par le 6 Lemme.

Maintenant la ligne A E étant divisée aux poins A D, M E, en 3 parties harmoniquement, on demontrera ainsi qu'il a esté fait cy-devant

que la ligne A F ſera couppée aux poins A H C F en 3 parties harmoniquement, & que la ligne A B dans la 25 figure étant paralelle à G E
ſera couppée en 2 egalement au point I & dans la 26 figure qu'elle
ſera couppée en 3 parties aux poins A I, B, L harmoniquement, par
le Lemme 5. & dans la 27 figure qu'elle ſera auſſi couppée de méme
aux poins L, A, I, B, par le Lemme 6. ce qu'il falloit démontrer.

Corrolaire.

Il s'enſuit que la ligne A N menée du point A & qui couppe le cercle ſera diviſée aux poins A, R, P, N où elle eſt couppée par les lignes
G A, G D, G M, G E, en trois parties harmoniquement, de méme
que la ligne A O aux poins A, Q, P, O, par le 9 Lemme.

Lemme 18.

Fig.
28.
Si il y a pluſieurs lignes B C, B D, C D, D F ſur un méme plan,
& ayant pris un point A hors de ce plan, ſi l'on mene des plans qui
paſſent par ce point A, & par les lignes B C, B D, C D, D F les ſections de ces plans feront des lignes tirées du point A aux poins B, C,
D ſections des lignes par où ils paſſent.

Comme la ſection des plans A B D, A B C ſera la ligne A B menée
par le point A & par le point B commune ſection des lignes B C, B D
par où ces plans paſſent, & ainſi des autres, ce qui eſt evident puiſque les 2 plans A B C, A B D doivent avoir les 2 poins A & B communs & que leur ſection doit eſtre une ligne droite : Mais ſi les lignes
ſont paralelles comme B C, D F il faudra neceſſairement que la commune ſection A *f* des plans A B C, A D F leur ſoit paralelle.

Lemme 19.

Fig.
29.
Mais ſi ces plans A B C, A D F, A D C, A D B ſont couppées par
un autre plan *b c d f* E la commune ſection de ces plans avec le plan
couppant feront des lignes droites qui s'aſſembleront en un point où la
ligne qui eſt commune ſection des plans couppe le plan couppant.
Comme les lignes *d b, c b* qui ſont communes ſections des deux plans
A D B, A C B avec le plan couppant, ſe rencontrent au point *b* qui
eſt la ſection de la ligne A B & du plan couppant, & cette ligne
A B eſt la ſection des deux plans A D B, A C B. De méme les
lignes *b c, d f* qui ſont les ſections des deux plans A B C, A D F s'aſſembleront au point E qui eſt la ſection de la ligne A E & du plan

couppant, & cette ligne A E est la section des deux plans A B C,
A D F & ainsi des autres. Ce qui est évident de soy-même.

Avertissement.

Je dis que la ligne *b c* sur le plan couppant donne en forme la ligne
B C sur un autre plan lors que le plan qui passe par le point A & par la
ligne *b c* couppe cét autre plan en la ligne B C. Ou au contraire.

Je dis aussi que le point *b* donne ou forme le point B sur un autre
plan, lorsque la ligne qui passe par le point A & par le point *b* couppe
cét autre plan au point B.

Lemme 20.

S'il y a plusieurs plans A B C D , A B E F , A B G H qui ayent une *Fig.*
même commune section A B ou qui passent par une même ligne droite ³⁰·
A B , & qu'il y ait un autre plan C D G H qui couppe ces plans & qui
soit paralelle à quelqu'autre plan que l'on pourroit mener par la méme ligne AB : les sections C D , E F , G H du plan couppant & de ces
autres plans A D , A F , A H seront paralelles entr'elles & à ligne A B,
ce qui est évident puisque chacun de ces plans A D , A F , A H couppe le plan C H & le plan qui passe par A B imaginé paralelle au plan
C H , & par consequent le plan A D couppant deux plans paralelles
en A B , & C D ces 2 lignes A B & C D seront paralelles & ainsi
des autres. Et le converse de ce Lemme est aussi évident.

Sections des superficies Coniques qui ont pour bases des cercles.

Tout ce qui a esté demontré dans les Lemmes precedens , n'est rien
autre chose que les divers accidens de la ligne couppée en 3 parties,
harmoniquement , tant à l'égard des lignes qui passant par les poins
de sa division sont paralelles entr'elles , ou aboutisent en un point ,
qu'à l'égard du cercle : & tout ce qui suit est une simple application
de ces Lemmes, & principalement du 3 du 5 & du 6 dans toutes les
sections Coniques & Cylindriques.

Definitions.

I

Si l'on prend un point hors d'un plan sur lequel il y a un cercle , & si

par ce point on mene une ligne droite prolongée à l'infiny d'un côté
& d'autre du point, qui parcourre toutte la circonference du cercle :
cette ligne décrira par son mouvement deux superficies qui se termi-
neront au point pris d'abbord qui leur sera commun, & ces superficies
se nommeront superficies Coniques opposées entr'elles.

2

Le point pris d'abbord sera leur sommet.

3

Et le cercle en sera la base.

Avertissement.

Il me semble qu'il n'est pas necessaire de donner de longues demon-
strations de ce qui suit, puisque ce sont des choses assez évidentens
d'elles-mêmes.

Fig.
31. Si un plan touchant une superficie Conique la remontre au sommet
il ne la touchera qu'en une ligne droite. Car puisque le plan B E D
passant par le point A sommet de la superficie, ne peut toucher la circonference du cercle qui en est la base seulement qu'en un point B ; Il
ne pourra par consequent avoir rien de commun avec la superficie Conique que la ligne A B menée du sommet A au point B laquelle ligne
est sur la superficie Conique par sa construction.

Mais si cette superficie est couppée par un autre plan E G F qui couppe aussi le plan D B E qui touche la superficie, & que la commune
section de ces deux plans soit la ligne G E qui rencontre en E la ligne
A B où le premier plan touche la superficie : cette ligne G E touchera
la section E F faite sur le plan couppant seulement au point E. Ce
qui évident puisque la ligne G E est toute sur le plan D B E & qu'elle
ne rencontre la ligne A B qu'au point E.

Je ne parle point de la section de la superficie Conique qui est faite
par un plan qui passe par le sommet, puisqu'on voit assez clairement
que ce sera seulement deux lignes qui comprendront un angle.

Je ne parle point non plus de la section faite par un plan paralelle
au plan de la base puisqu'il est évident que ce ne sçauroit jamais estre
qu'une figure semblable & semblablement posée à celle de la base :
car ce plan paralelle couppera tous les triangles qui auront pour sommet le sommet de la superficie, & pour base les lignes menées dans le
cercle, en des lignes paralelles à celles qui sont sur le cercle ; & toutes
les lignes sur la section seront entr'elles comme celles qui les ont données

nées font entr'elles sur la base , car estant prises separément celle de la Section sera à celle de la base qui la forme & qui luy est paralelle comme une ligne menée du sommet au plan couppant à cette mesme ligne prolongée jusques à la base.

Je considere donc seulement les Sections des superficies Coniques en trois manieres differentes.

La premiere , lorsque le plan qui est mené par le sommet de la superficie Conique & paralelle au plan couppant couppe le plan de la base en une ligne qui touche le cercle, la Section qui est faite sur le plan couppant avec la superficie Conique a esté nommée d'abbord par les anciens Section d'un cone rectangle , & par ceux qui les ont suivis parabole.

La seconde , lorsque le plan qui est mené par le sommet de la superficie conique & paralelle au plan couppant couppe le plan de la base en une ligne qui ne rencontre point le cercle, la Section faite sur le plan couppant a esté appellée par le. anciens Sections d'un cone qui a l'angle aigu , & par les autres Elipse , & cette Section peut estre aussi un cercle.

La troisiéme , lorsque ce mesme plan paralelle au plan couppant mené par le sommet couppe le plan de la base en une ligne qui couppe le cercle qui en est la base ; cette Section a esté nommée Section d'un cone qui a l'angle obtus & apres hyperbole.

Mais si le plan couppant est prolongé vers la superficie Conique opposée au sommet ; Il la rencontrera aussi & y fera une autre Section qui sera aussi une hyperbolle que l'on nomme opposée à la precedente.

Il faut remarquer que les Sections sont formées par tous les poins qui sont Sections des lignes menées par le sommet & par les poins de la circonference du cercle qui en est la base , avec le plan couppant. Mais lorsque la ligne ainsi menée ne rencontre point le plan couppant, ce point de la circonference du cercle ne donnera aucun point dans la Section, ce qui arrivera seulement à la parabole en un point & à l'hyperbole & aux Sections opposées en deux poins comme on peut voir par la generation de ces Sections.

Dans l'Elipse tous les poins de la circonference du cercle donnent des poins dans la Section.

Dans la parabole tous les poins de la circonference du cercle donnent des poins dans la Section hormis le point ou le plan par le sommet paralelle au plan couppant rencontre le cercle.

C

Dans les Sections oppofées tous les poins d'une partie du cercle faite par le plan par le fommet donnent les poins d'une Section, & les poins de l'autre partie de la circonference du cercle donnent les poins de l'autre Section, hormis les denx poins où le plan par le fommet paralelle au plan couppant rencontre le cercle.

Propofition 1re. Premiere Partie de la 1re. Section.

Fig.
32.

Si une fuperficie Conique A *n h l m* eſt couppée par un plan D H E qui foit paralelle au plan A B C qui paſſe par A fommet de la fuperficie & par la ligne B C fur le plan du cercle qui en eſt la bafe & qui le touche au point *m.*

Ayant pris quelque point C different du point *m*, fur la. ligne B C, & de ce point C ayant tiré les lignes C *h*, C *m* qui touchent le cercle aux poins *h* & *m*, & en ayant tiré autant d'autres que l'on voudra comme C *l n* qui le couppent aux poins *l* & *n*, & ayant mené la ligne *m h* qui conjoint les attouchemens *m* & *h* des lignes menées du point C. Cette ligne *h m* qui joindra ces attouchemens rencontrera toûjours la ligne B C au point *m* puifque cette ligne B C fera toûjours une des deux touchantes.

Que l'on conçoive les plans A C *h*, A C *n*, A *m h* qui paſſent par A fommet de la fuperficie, & par les lignes C *h*, C *n*, *m h*. Et que l'on tire des lignes du point A aux poins *m, p, h,* C, *l, n*.

Puifque le plan couppant D H E eſt paralelle au plan A B C qui paſſe par le fommet, les Sections H *e*, L N du plan couppant & des plans A C *h*, A *l n* feront paralelles entr'elles, & à la ligne A C menée du fommet A au point C par le 20 Lemme.

De plus la ligne P H qui eſt formée fur le plan couppant par la ligne *m p h* la couppera en deux également au point P : car la ligne C *n* eſt couppée en trois parties aux poins C, *l, p, n* par le 9e Lem. harmoniquement, & les lignes A C, A *l*, A *p*, A *n* ayant eſté tirées du point A aux poins de divifion de la ligne C *n* & eſtant couppées par la ligne L N paralelle à l'une des extrémes A C, cette ligne L N fera couppée en deux également au point P par la ligne A P par le 3e Lem.

On démontrera de mefme façon que toutes les lignes paralelles entr'elles menées dans la Section feront toutes divifées en 2 également par une mefme ligne droite : car toutes ces lignes paralelles feront données fur le plan couppant par des lignes fur le plan de la bafe du cone qui viendront toutes d'un mefme point de la ligne B C, ou bien qui feront paralelles entr'elles, qui eft le fecond cas de cette partie.

Car fi l'on mene la touchante C *h* paralelle à C *m*, la ligne *m h* qui joindra les attouchemens viendra toûjours du mefme point *m* & les lignes C *n* menées paralelles à ces touchantes feront toutes couppées en deux également par la ligne *m h* qui paffe par le centre du cercle, ainfi qu'il eft dit au Scholie du 11e Lemme, & puifque toutes ces lignes feront paralelles entr'elles & à la ligne B C qui eft fur le plan A B C. Les Sections fur le plan couppant des plans qui pafferont par le fommet A & par les lignes C *n* feront des lignes paralelles entr'elles & à la ligne A C fur le plan A B C menée paralelle à B C. Elles feront auffi couppées en deux également par la ligne P H donnée fur le plan couppant par la ligne *m h*, puifque cette ligne *m h* qui paffe par le centre du cercle divife en 2 également toutes les paralelles aux touchantes à fes extremitez eftant diametre du cercle, & puifque les lignes paralelles fur le plan couppant ont efté montrées paralelles à celles qui font fur le cercle de la bafe.

Les lignes qui divifent en deux également toutes les paralelles menées dans la Section font appellées *diametres de la Section*, & les paralelles qui font couppées en deux également font appellées *ordonnées au diametre*.

Il fera évident de ce qui a efté dit cy-deffus que la ligne H *e* qui touche la Section & qui eft paralelle à N L, eftant formée par la ligne *h* C la touchera à l'extremité H du diametre H P des paralelles à N L.

Dans cette Section tous les diametres font paralelles entr'eux. Car par le 11e Lemme toutes les lignes qui joignent les attouchemens comme *h m* des lignes C *h*, C *m* menées d'un mefme point C de la ligne B C, ou bien lorfque C *h* eft paralelle à C *m* fe rencontreront toutes au point *m*; & ayant mené des plans qui paffent par la ligne A *m* & par toutes les lignes menées du point *m* fur la bafe du cone comme *m h*, les Sections de ces plans fur le plan couppant feront toutes lignes paralelles entr'elles par le 20e Lemme; mais toutes ces lignes ont efté démontrées cy-devant diametres de cette Section, donc ce qui eftoit propofé eft évident.

Premiere Partie de la 2me *Section.*

Si une fuperficie Conique A *fn l h* eft couppée par un plan G M E D paralelle au plan A B C mené par A fommet de la fuperficie & par la ligne B C fur la bafe, qui eftant prolongée ne rencontre point le cercle *fn h* bafe de la fuperficie.   C ij

Fig. 33.

Ayant pris quelque point B fur la ligne B C fi de ce point l'on mene
les lignes B *f*, B *l* qui touchent le cercle bafe de la fuperficie aux poins
f & *l*, & autant d'autres que l'on voudra B *p g*, B *m i* qui le couppent
aux poins *p, g, m, i*. Et ayant tiré la ligne *f l* qui conjoint les attouchemens elle fera paralelle à la ligne B C, où elle la rencontrera en quelque point C ; premierement qu'elle la rencontre au point C.

Que du point C on mene les lignes C *n*, C *h* qui touchent le cercle
aux poins *n* & *h* & autant d'autres que l'on voudra C *m p*, C *i g* qui le
couppent aux poins *m, p, i, g* & aprés avoir tiré la ligne *h n* qui conjoint
les attouchemens *h* & *n* des lignes menées du point C, qui paffera par
le point B par le 11 Lemme. Et foit le point *o* commune Section des
deux lignes *l f*, *h n* qui joignent les attouchemens.

Que l'on conçoive des plans A B *f*, A B *l*, A B *g*, A B *h*, A B *i*, A C *n*,
A C *h*, A C *p*, A C *f*, A C *g* qui paffent tous par le point A fommet de
la fuperficie & par les lignes cy-devant menées fur la bafe, & fur ces
plans que l'on mene les lignes A B, A *f*, A *p*, A *r*, A *g*, A *n*, A *q*, A *o*,
A *s*, A *h*, A *m*, A *t*, A *i*, A *l*, A C par A fommet de la fuperficie, &
par les interfections des mefmes lignes fur la bafe.

Puifque le plan couppant G M E D eft paralelle au plan A B C par
le fommet ; les Sections des plans A B *f*, A B *g*, A B *h*, A B *i*, A B *l*
avec ces deux plans paralelles feront fur le plan couppant les lignes
F *b*, P G, H N, I M, L *b* paralelles entr'elles & à la ligne A B fur le
plan par le fommet paralelle au plan couppant par le 20 Lem.

Par la mefme raifon les lignes N *c*, P M, F L, G I, H *c* feront auffi
paralelles entr'elles & à la ligne A C.

Mais par le 9 Lem. la ligne B *g* eft couppée en 3 parties aux poins
B, *p, r, g* harmoniquement, & puifque la ligne G P fur le plan couppant eft couppée aux poins P, R, G par les lignes menées du fommet
A aux poins de divifion de la ligne B *g* a efté démontrée paralelle à
l'une des extremes A B. Par le 3 Lemme elle fera couppée en 2 parties
égales au point R.

On démontrera de mefme façon que les lignes N H & M I feront
couppées en deux parties égales aux poins O & T puifque les lignes
B *h*, & B *i* qui les forment font couppées chacune en 3 parties aux
poins B, *n, o, h*, & B, *m, t, i* harmoniquement : mais tous ces poins de
divifion R, O, T font fur une mefme ligne droite F L qui eft donnée
par la ligne *f l* fur la bafe : donc la ligne F L couppera en 2 également
dans la Section toutes les lignes paralelles à P G.

Pour cette raifon la ligne F L fera appellée *diametre de la Section*
& toutes les lignes paralelles entr'elles qui font couppées en 2 également par ce diametre font appellées , *ordonnées à ce mefme diametre.*

Il fera encore évident que les lignes F *b*, & L *b* touchent la Section
F H L N aux extremitez du diametre F L ; car puifque ces lignes font
les Sections des plans A B *f*, A B *l* qui touchent la fuperficie Conique
aux lignes A *f*, A *l* ; Ces lignes F *b*, & L *b* eftant fur ces mefmes plans
toucheront la fuperficie Conique & la Section auffi feulement aux
poins F & L.

On démontrera de mefme façon que les lignes P M, F L, G I &
toutes les autres qui leur feront paralelles feront divifées dans la Section en 2 parties égales par la ligne H N qui en fera le diametre : &
que les lignes N *c*, H *c* toucheront la Section aux extrémitez de ce
diametre.

Mais lorfque dans la Section toutes les lignes paralelles au diametre
N H comme P G, M I font couppées en 2 également par leur diametre
F L. Et lorfque toutes les paralelles à ce diametre F L comme P M ,
G H font couppées en 2 également par leur diametre N H. Ces dia-
metres N H , & F L font appellées *conjuguez l'un à l'autre* comme
il eft évident en cét exemple.

Par ce qui a efté démontré dans le 15 Lem. le point *o* fera la commune rencontre de toutes les lignes qui joindront les attouchemens des
lignes menées de tous les poins de la ligne B C : & puifqu'il a efté démontré cy-devant que ces lignes comme *f l*, & *n h* donnent les diametres fur la Section auffi tous les diametres s'entrecoupperont au point
O dans la Section qui eft formé par le point *o* fur la bafe. Et ce point
O dans la Section fera appellé *centre de la Section.*

Mais fi le point B eft pris en tel endroit de la ligne B C que la ligne
f l qui joint les attouchemens des lignes menées de ce point B, foit
paralelle à la ligne B C. Si l'on mene des touchantes au cercle comme
n C, *h* C qui foient paralelles à *f l* qui joint les attouchemens de deux
lignes menées du point B ; la ligne *h n* qui joindra les attouchemens
des paralelles paffera auffi par le point *o* & par le point B par le Schol.
du 15. Lemme & par le centre du cercle ; & puifque cette ligne *n h*
qui paffe par le centre du cercle conjoint les attouchemens de deux
paralelles elle divifera auffi en 2 également dans le cercle toutes les
paralelles à ces touchantes , mais toutes ces paralelles le feront auffi
à la ligne B C, & par confequent tous les plans menés par le fommet

C iij

A & par toute· ces lignes paralelles à la ligne B C feront avec le p'an
couppant des Sections toutes paralelles entr'elles & aux paralelles
qui font fur le cercle , & puifque la ligne *n h* divife toutes ces paralelles en 2 également auffi la ligne N H qu'elle donnera dans la Section
divifera auffi de mefme en deux également les lignes qui leur font
paralelles dans la Section : car ce feront des triangles comme A *p m*
dont la commune Section avec le plan couppant fera la ligne P M
paralelle à *p m* , & la ligne A *q* divifant en deux également la ligne *p m*
au point *q* divifera auffi en deux également dans la Section la ligne
P M au point Q , ce qu'il falloit montrer.

Et lorfque les diametres conjuguez font égaux & qu'ils s'entrecouppent à angles drois la Section eft un cercle , qui a efté appellé *fou-
contraire.*

Premiere Partie de la 3ᵐᵉ Section.

Si les fuperficies Coniques A*f l m,* F G P oppofées au fommet A
font couppées par un plan G P F L M I qui foit paralelle au plan A B C
qui paffe par A fommet des fuperficies & par la ligne B C qui couppe
le cercle qui en eft la bafe.

Ayant pris quelque point B fur la ligne B C hors du cercle , fi de ce
point B l'on mene les lignes B*f,* B *l* qui touchent le cercle qui eft la
bafe de la fuperficie Conique aux poins *f* & *l* , & autant d'autres que
l'on voudra B *p g,* B *m i* qui le couppent aux poins *p,g, m, i,* & ayant
tiré la ligne *f l* qui conjoint les attouchemens. Si l'on mene les lignes
n o, h o qui touchent le cercle aux poins *n* & *h* où la ligne B C le couppe ; ces deux lignes touchantes *n o, h o* conviendront en un mefme point
o fur la ligne *l f* par le conver. du 11ᵉ Lemme, où luy feront paralelles:
mais pour lors la ligne B C doit paffer par le centre du cercle par le
Schol. du mefme Lem. mais premierement qu'elles fe rencontrent au
point *o* que du point *o* l'on mene autant de lignes que l'on voudra comme *o m, o i* qui couppent le cercle aux poins *p, m, g, i* ; & que l'on faffe
paffer des plans par le fommet A & par les lignes B *q o,* B*f,* B*g,* B*h,*
B *i,* B *l, o n, o m, o l, o i, o h* & que l'on tire les lignes A B, A*f,* A*p,* A*r,*
A*g,* A*n,* A *c,* A *h,* A *m,* A *t,* A *i,* A *l,* A *o* prolongées au delà du
fommet A.

Puifque le plan couppant G F L I eft paralelle au plan A B C par le
fommet, les Sections des plans A B*f,* A B*g,* A B*o,* A B *i,* A B*l* avec
ces deux plans paralelles feront les lignes F*b,* P G, O Q M I, L *b*

sur le plan couppant toutes paralelles entr'elles & à la ligne A B sur le plan par le sommet & qui est la rencontre commune de tous ces plans par le 10e Lem.

Par le 9 Lem. la ligne B g est couppée aux poins B, *p, r, g* en 3 parties harmoniquement, & puisque la ligne G P sur le plan couppant, estant couppée aux poins P R G par les lignes menées du sommet A aux poins de division de la ligne B g prolongées audelà de A, a esté demontrée paralelle à l'une d'entr'elles A B, par le 6e Lemme elle sera couppée en deux parties égales par les poins P, R, G.

On demonstrera de mesme façon que la ligne M I sera aussi couppée en deux parties égales au point T ; puisque la ligne B *i* qui la forme est couppée en 3 parties harmoniquement aux poins B, *m, t, i* : & puisque la ligne M I qui est couppée par les lignes menées du sommet A aux poins de division de cette ligne B *i* a esté demonstrée paralelle à l'une d'entr'elles A B. On demonstrera la mesme chose de toutes les autres lignes qui leurs seront paralelles.

Mais tous ces poins de division comme R T & les autres seront necessairement sur une même ligne droite R T qui est formée par la ligne *r t* sur la base, & sur laquelle ligne se font toutes les divisions qui coupent dans les Sections les paralelles en deux également. Il s'ensuivra donc que la ligne R T couppera en deux également dans ces Sections opposées, toutes les lignes paralelles à P G.

Pour cette raison cette ligne R T sera appellée diametre de ces Sections opposées, & toutes les lignes paralelles entr'elles qui sont couppées dans ces Sections, en deux également par ce diametre sont appellées *ordonnées à ce mesme diametre.*

Il sera encore évident que les lignes F *b* & L *b* touchent ces Sections opposées G F P, M L I aux extremitez du diametre F L. Car puisque ces lignes sont les Sections des plans A B *f*, A B *l* qui touchent les superficies Coniques opposées au sommet. Ces lignes F *b*, L *b* étant sur les mesmes plans toucheront les superficies & les Sections feulement aux poins F & L, qui seront donnez par les poins *f* & *l* de la ligne *r t*.

Il sera aussi manifeste que sur le plan couppant le point O sera la commune rencontre de tous les diametres. Car par le 16 Lemme, si l'on mene des touchantes au cercle de tous les poins de la ligne B C pris hors du cercle, toutes les lignes qui en joindront les attouchemens comme *f l* s'assembleront toutes au point *o* ; Mais il a esté demontré

cy-devant que toutes ces lignes qui joignent les attouchemens des lignes menées des poins de la ligne B C font diametres de ces Sections
opposées : & puifqu'elles conviennent toutes au point *o* auffi les plans
qui pafferont par toutes ces lignes , & par le fommet A conviendront
tous en la ligne *o* A qui donnera fur le plan couppant le point O qui
eft appellé *centre des Sections opposées.*

Je dis de plus que ce centre couppe en deux également chaque diametre. Car par le 9 Lemme la ligne *o l* eft couppée en 3 parties harmoniquement aux poins *o* , *f* , *c* , *l*, & ayant tiré des lignes par ces poins de
divifion, & par le fommet A prolongées au delà de A, puifque la ligne
F L diamettre eft paralelle à A C eftant toutes deux les Sections d'un
mefme plan A *o l* & des deux plans paralelles, à fçavoir le couppant,
& celuy qui eft par le fommet ; la ligne F L fera donc couppée en deux
également au point O par le 6 Lemme. Et ainfi des autres diametres.

Par la mefme raifon O T & O R feront égales. Car *o m* eft couppée
en trois parties aux poins *o* , *p* , *y*, *m*, par le 9 Lemme harmoniquement,
& à caufe des lignes B *o* , B *p* , B *y* , B *m* qui couppent la ligne *o t* aux
poins *o*, *r* C, *t* cette ligne fera auffi couppée en ces poins *o*, *r*, C, *t*, en
3 parties harmoniquement par le 5e Lem. & fuivant la demonftration
qui vient d'eftre faite : la ligne R T fur le plan couppant, fera divifée
en deux également au point O. Il s'enfuivra donc auffi que L T & F R
feront égales.

Je dis auffi que G P & M I font égales. Car les 2 plans A *o m*, A *o i*
ont donné fur le plan couppant les deux lignes M O P , I O G , & ces
deux lignes auec les deux paralelles G P & M I font deux triangles
O G P , O I M femblables & egaux, puifque la ligne R O T qui
couppe les deux bafes en deux également aux poins R & T & qui paffe par le fommet commun O eft divifée en deux également au point
O : les deux lignes G P & M I feront donc égales.

Il s'enfuit delà que les Sections opposées font égales & femblables.
Ce qui eft manifefte puifque les diametres leurs font communs , & que
les ordonnées égales & paralelles entr'elles couppent des parties égales du mefme diametre, comprifes entre les extremitez du mefme diametre & les ordonnées égales.

Toutes les lignes côme *i* C *p q*, qui pafferont par le point C fur la bafe,
qui eft la rencontre des 2 lignes *o l*, B C qui joignent les attouchemens
des lignes menées du point B & du point *o* lequel point B a efté pris à
volonté fur la ligne BC donneront des lignes fur le plan coupant toutes.

paralelles

paralelles entr'elles & à la ligne menée du sõmet A au point C. Car le
plan A *q i* couppe le plan par le sommet en la ligne A C & le plan
couppant qui luy est paralelle en la ligne P I : ces deux lignes donc A C
& P I seront paralelles, & tous les plans qui passeront par le sommet
A & par les lignes qui sur la base passent par le point C, donneront
tous sur le plan couppant des lignes paralelles à la ligne A C leur
commune rencontre par le 20 Lemme.

Mais toutes ces lignes comme *q p i* par le 15 & 14 Lemme sont couppées en 3 parties aux poins *q, p,* C, *i* harmoniquement, & ayant mené des lignes par ces poins de division & par le sommet A elles coupperont la ligne P I qui est paralelle à l'une d'elles A C en deux parties
égales au point Q, par le 6 Lemme & tous les poins comme Q estant
donnés par les poins comme *q* de la ligne *o* B prolongée ; tous ces
poins comme Q seront sur le plan couppant sur une mesme ligne droitte O Q qui est formée par la ligne droite *o q* B sur la base, & qui passera par le centre O des Sections, puisqu'il a esté demontré que le
point *o* sur la base donne le centre O des sections sur le plan couppant.

Puisque donc cette ligne O Q divise en deux également toutes les
lignes paralelles à une mesme, comme P I, comprises entre les Sections
opposées : cette ligne O Q sera appellée *diametre des Sections opposées*, & les paralelles qu'elle divise en deux également seront appellées
ordonnées entre les Sections opposées à ce mesme diametre.

Mais lorsque la ligne O Q qui est diametre divise en deux également
toutes les lignes paralelles au diametre F L comme P I ainsi qu'il a esté
demonstré. Car F L & P I sont paralelles à A C, aussi toutes les lignes
paralelles à l'autre diametre O Q seront couppées en deux également
dans les Sections par le Diametre F L ainsi qu'il a esté pareillement
demontré. Tels diametres sont appellez *conjuguez l'un à l'autre.*

Il est évident que toutes les lignes menées du point *o* dans le cercle,
comme *o f l* donneront des diametres sur le plan couppant. Et toutes
les autres lignes menées aussi du point *o* hors le cercle en donneront
aussi d'autres. Mais elles donneront des diametres conjuguez lorsque
la ligne *o f l* menée dans le cercle passe par les attouchemens des lignes
menées d'un point B pris sur la ligne B C & lorsque l'autre ligne menée hors le cercle du mesme point *o* passe par ce point B.

Mais si l'on mene des lignes B *f* B *l* qui touchent le cercle aux poins
f & *l*, & qui soient paralelles à B C : la ligne *f l* qui joindra les attouchemens passera par le centre du cercle & par le point *o* rencontre des

D

lignes *o n* , *o h* , qui touchent le cercle aux poins *n* & *h* où la ligne B C
le couppe par le Schol. du 11 Lemme.

Et ayant mené dans le cercle autant que l'on voudra de lignes qui
le couppent & qui soient paralelles à B C , comme *m i* , *p g* , elles feront toutes couppées en deux également par la ligne *o f l* qui joindra les
atouchemens , & qui passera par le centre du cercle. Et si l'on mene
des plans par toutes ces lignes qui touchent le cercle & qui le couppent & par le sommet A , elles donneront sur le plan couppant des lignes M I , L *b* , F *b* , G P toutes paralelles entr'elles & à la ligne B C
par le 10e Lem. : mais puisque sur les plâs des triangles A *m i* A *p g* les
lignes M I , & P G sont paralelles aux bases, & puisque les lignes A *r* ,
& A *t* qui sont sur le plan A *f l* , couppent les lignes *m i* & *p g* en deux
également aux poins *r* & *t* , elles coupperont aussi en deux également
les lignes G P & M I aux poins R & T. Il en sera de mesme à l'é-
gard de toutes les autres qui leur seront paralelles. Et le reste de la
demonstration se fera seulement comme cy-devant tant pour les touchantes aux extremitez des diametres que pour les diametres separement , & pour les diametres conjuguez.

Mais si la ligne B C passe par le centre du cercle , alors les touchantes aux poins *n* & *h* seront paralelles entr'elles & perpendiculaires à
la ligne B C. Aussi toutes celles qui joindront les attouchemens comme *f l* des lignes menées de tous les poins de la ligne B C seront
aussi paralelles entr'elles & perpendiculaires à B C par le Scholie du 16
Lemme. Et seront toutes couppées en 2 également par la ligne B C.
Et les plans qui passeront par le sommet A & par toutes ces lignes paralelles auront une ligne A *o* qui leur sera paralelle , & qui sera la
rencontre commune de tous ces plans par le 18. Lemme.

Mais la ligne *l f* qui joindra les attouchemens , estant couppée en
2 également au point C par la ligne B C & ayant tiré les lignes *f* A ,
C A , *l* A prolongées au delà de A , & A *o* estant paralelle à *f l* ; par le
6 Lemme la ligne F L sur le plan couppant sera couppée au point
O en deux également , mais C *r* & C *t* estant pour lors aussi égales par
la mesme raison O R & O T sur le plan couppant le seront aussi.

Et si l'on tire par le point B la ligne B *o* paralelle à *l f o* qui joint les
attouchemens des lignes tirées du mesme point B, on fera la meme demonstration que l'on a faite cy-devant pour les lignes comme *i* C *p q*,
qui donnent sur le plan couppant les ordonnées entre les Sections opposées , & pour lors toutes les lignes comme *f l* perpendiculaires à

B C donnent des diametres auſſi bien que B *o* perpendiculaire à la méme B C.

Sur les Aſymptotes.

Si l'on fait paſſer des plans par le ſommet A & par les lignes *o n*, *h o* Fig.
qui touchent le cercle aux poins *n* & *h* où la ligne B C le couppe : ces 34.
plans coupperont le plan couppant aux lignes S Q E, V O D, & ces
deux lignes ſont appellées *Aſymptotes*.

Il eſt évident qu'elles s'entrecouppent au point O centre de la Section, puiſque les plans qui les forment ont pour commune rencontre
la ligne *o* A qui donne le centre O.

Si la ligne V F S qui touche la Section au point F, rencontre les A-
ſymptotes en V & en S elle ſera couppée en deux également par le
point touchant F.

Cette ligne V S eſt formée par la ligne B *u* ſur la baſe comme il a
eſté monſtré, qui touche le cercle au point *f*. Et par le 17 Lemme la
ligne B *u* eſt couppée aux poins B, *f*, *ſ*, *u* en 3 parties harmoniquement. Mais la ligne S V ſur le plan couppant a eſté demontrée paralelle à A B, qui eſt l'une des 4 lignes menées par les poins de diviſion
de la ligne B *u*, & par le ſommet A, & puiſqu'elle eſt couppée par
les trois autres au point S F V : elle ſera couppée en deux parties égales par le 6 Lemme.

Mais ſi la ligne B *u* eſtoit paralelle à B C. Il s'enſuivroit toûjours la
meſme choſe comme il a eſté expliqué cy-devant.

De plus, ſi l'on mene la ligne X G P Z qui rencontre les Aſymptotes
en X & en Z & qui couppe la Section en G & en P ; les parties de cette ligne G X & P Z compriſes entre la Section & les Aſymptotes ſeront égales.

Cette ligne X Z ſera donnée ; car la ligne B *x* ſur la baſe, qui ſera couppée aux poins B *z r*, *x* en trois parties harmoniquement par
le corr. du 17 Lemme, & puiſque le plan qui paſſe par A & par la
ligne B *x* donne ſur le plan couppant la ligne X Z & ſur le plan A B C
qui luy eſt paralelle la ligne A B ; ces deux lignes A B, & X Z
ſont paralelles. Mais cette ligne X Z eſtant paralelle à A B qui paſſe
par un des poins de diviſion de la ligne B *x*, ſera couppée par les trois
autres aux poins X, R, Z en deux parties égales, par le 6 Lem.

Et de meſme par le 9 Lemme la ligne B *g* eſtant couppée aux poins
B, *p*, *r*, *g*, en trois parties harmoniquement, & P G venant d'eſtre

démontrée paralelle à A B l'une des 4 lignes menées du fommet A aux
poins de divifion de la ligne B *g* & eftant couppée par les autres elle le
fera en deux parties égales au point R par le 6 Lemme. Mais fi la ligne
B *x* eftoit paralelle à B C la mefme chofe s'enfuivroit comme il a efté
dit cy-devant. Puifque donc R G & R P font égales , & R X & R Z
auffi égales G X & P Z le feront auffi & G Z & P X pareillement.

Deplus fi une ligne droite P I rencontre les Sections oppofées en
P & en I & les Afymptotes en Æ & en & : Je dis que les parties
de cette ligne comprifes entre les Afymptotes & les Sections font
égales.

Si par la ligne P I & par le fommet A on fait paffer un plan. Il rencontrera la bafe en la ligne *p i* qui paffera par le point C. Car il a
efté démontré que tous les plans qui paffent par le point A & par des
ordonnées comprifes entre les deux Sections coupperont le plan de la
bafe en des lignes qui pafferont par le point C où la ligne *o l* qui forme
le diametre F L paralelle à ces ordonnées, rencontre la ligne B C &
fi cette ligne *p i* eft prolongée elle rencontrera la ligne B *o* au point *q*,
où bien elle luy fera paralelle. Mais fi elle la rencontre par le 15 Lem.
cette ligne *i q* fera couppée aux poins *i*, C, *p*, *q* en 3 parties harmoniquement , mais le plan A *q i* rencontrant le plan par le fommet A en
la ligne A C, & le plan couppant qui luy eft paralelle en la ligne P I,
ces deux lignes A C & P I feront paralelles , & les lignes qui pafferont
par le fommet A & par les poins de divifion de la ligne *q i*, coupperont
la ligne P I paralelle à l'une d'entr'elles en deux parties égales au point
Q ainfi qu'il a efté déja dit cy-devant. Mais auffi la ligne *i* C *p* rencontrant les deux touchantes *o n*, *o h* qui donnent les Afymptotes fur
le plan couppant aux poins *æ* & *&* prolongées ou non audelà de *o*,
fera couppée par les lignes *o* B, *o n*, *o* C, *o h* aux poins *q*, *&*, C, *æ* en
3 parties harmoniquement par le cotrol. du 17 Lem. & fi par ces poins
de divifion & par le fommet A on mene des lignes elles coupperont la
ligne & Æ en deux parties égales au point Q par le 6 Lemme , puifque
cette ligne & Æ a efté démontrée paralelle à l'une d'elles A C qui l'eft
auffi au diametre F L paralelle à & Æ.

Mais fi la ligne *p i* eft paralelle à *o* B elle fera couppée en deux également au point C comme il eft facile de conclure du 15 Lem. & cette
ligne eftant prolongée jufques au touchantes *o n*, *o h* elle fera encore
couppée en deux également au point C par le 3ᵉ Lemme eftant paralelle à l'une des extremes *o* B des quatre lignes *o* B, *o n*, *o l*, *o h* qui paf-

fent par les poins de divifion de la ligne B *h*, & le refte de la demonftration fe fera comme cy-devant par le 6 Lemme.

Les deux lignes donc Q I & Q P font égales & Q Æ Et Q & auffi
égales, donc I Æ fera égale à P &. Et I & égale à Æ P.

Deuxiéme Partie des trois Sections.

Si l'on mene deux lignes V N, V L fur le plan couppant, qui tou- *Fig.*
chant la Section aux poins N & L conviennent en un point V : la li- *32.*
gne V P menée de ce point V au point P qui divife en deux également *35.*
la ligne N L qui joint les attouchemens fera diametre dans la Section *36.*
des ordonnées paralelles à N L.

Si l'on conçoit des plans A N V, A L V, A N L, A V P qui paffent
par le fommet A , & par les lignes V N, V L, V P, N L ils rencontreront le plan de la bafe aux lignes *u n*, *u l*, *u p*, *n l* dont *u n* & *u l* toucheront le cercle aux poins *n* & *l* formez par les poins touchans fur la
Section N & L.

Mais la ligne *n l* qui joint les attouchemens eftant prolongée rencontrera la ligne B C en quelque point C ou bien elle luy fera paralelle : mais maintenant qu'elle la rencontre.

Si du point C on mene deux lignes C *h*, C *m* qui touchent le cercle
aux poins *h* & *m*, & ayant joint ces attouchemens par la ligne *m h* ,
cette ligne *m h* paffera par le point *u* par le 11 Lem. & par le 9 Lemme
la ligne C *n l* fera couppée aux poins C, *n* , *p*, *l* en 3 parties harmoniquement.

Ayant tiré des lignes par le point A & par les poins de divifion de
cette ligne C *n*, puifque le plan A B C par le fommet eft paralelle au
plan couppant le plan A *n l* les couppant tous deux aux lignes A C &
N L , ces deux lignes feront paralelles & par le 3 Lemme elle fera
couppée au point P par la ligne A *p* en deux également ; donc la ligne
u p qui eft formée par la ligne V P n'eft qu'une mefme ligne avec *m h*.

Mais puifqu'il a efté démontré que toutes les lignes comme *m h* qui
joignent les attouchemens des lignes menées des poins de la ligne B C
donnent des diametres fur le plan couppant la ligne V P fera donc diametre de la Section & de toutes les paralelles à N L puis qu'elles font
formées par des lignes qui concourrent toutes au point C fur la bafe,
ainfi qu'il a efté expliqué dans la premiere partie.

Maintenant fi la ligne *n l* eft paralelle à B C & fi l'on tire les deux
touchantes *h* C *m* C paralelles à *n l* qui rencontre le cercle en *m* & en

h : la ligne *m h u* qui joindra les attouchemens paſſera par le centre du cercle & par le point *u* par le Scholie du 11 Lemme & la ligne *n l* ſera couppée en deux également au point *p* : mais eſtant paralelle à B C par le 19 Lemme la ligne A C qui ſera commune Section des deux plans A *n l*, A B C leur ſera auſſi paralelle, mais le plan couppant eſtant paralelle au plan A B C, la ligne N L Section du plan couppant & du plan A *n l* ſera auſſi paralelle à A C ou à *n l*. Et puiſque *n l* eſtant paralelle à N L eſt couppée en deux également au point *p*, la ligne A*p* couppera auſſi en deux également au point P la ligne N L ; & ſuivant ce qui a eſté dit dans la premiere partie la ligne *u p m* donne un diametre ſur la Section qui ſera la ligne V P qui couppera en 2 également la ligne N L & toutes ſes paralelles qui feront auſſi données par des paralelles ſur la baſe.

Mais ſi les deux plans A V N, A V L donnent ſur la baſe deux lignes touchantes *u n*, *u l* qui ſoient paralelles entr'elles, ce qui arrivera lorſque la ligne menée par le point A & par le point V eſtant prolongée ne rencontrera point le plan de la baſe : la ligne N L qui joindra les attouchemens donnera ſur la baſe la ligne *n l*, qui rencontrera la ligne B C au point C, ou qui luy ſera paralelle, & le reſte s'enſuivra comme cy-devant.

Pour les Sections oppoſées.

Fig.
17.

Si l'on mene deux lignes V N, V L ſur le plan couppant qui touchant les Sections oppoſées aux poins N & L conviennent en un point V : la ligne V P menée de ce point V au point P qui diviſe en deux également, la ligne N L qui joint les attouchemens ſera diametre ſur le plan couppant des ordonnées entre les Sections oppoſées paralelles à N L.

Si l'on conçoit des plans A N V, A L V, A N L, qui paſſent par le ſommet A, & par les lignes V N, V L, L N, ils rencontreront le plan de la baſe aux lignes *u n*, *u l*, *n l* dont *u n* & *u l* toucheront le cercle aux poins *n* & *l* formez par les poins touchans ſur les Sections N & L.

Mais la ligne N L qui joint les attouchemens & qui rencontre les Sections oppoſées forme ſur le plan de la baſe la ligne *n l* qui joint les attouchemens *n* & *l* & qui rencontre la ligne B C en C dans le cercle, ainſi qu'il a eſté obſervé dans la premiere Partie. Mais cette ligne *n l* rencontrera la ligne *u o* menée par le point *u* & par le point *o* rencontre des touchantes aux poins *m* & *h* ou B C couppé le cercle, ou bien elle fera paralelle à cette ligne *u o*, mais prefentement qu'elle la rencontre en *p*.

Cette ligne *p l* fera couppée aux poins *p, n* C *l* en trois parties harmoniquement par le 15 & 14 Lemme. Et ayant mené par le fommet A & par les poins de divifion de la ligne *p l*, des lignes; elles diviferont en deux également la ligne N L en P fur le plan couppant par le 6 Lemme, puifque la ligne A C qui eft l'une d'entr'elles eft paralelle à N L, car elles font toutes deux Sections du mefme plan A N L fur deux plans paralelles, à fçavoir le couppant & le plan A B C par le fommet; donc le point P qui divife en deux également la ligne N L forme le point *p* fur la bafe. Mais il a efté démontré que toutes les lignes qui paffent par le point *o* & qui ne rencontrent pas le cercle donnent fur le plan couppant les diametres des ordonnées entre les Sections oppofées, lefquelles ordonnées feront formées par des lignes qui pafferont par le point C : car toutes ces lignes donneront des paralelles à N L fur le plan couppant, & qui feront toutes couppées en deux également par la ligne V P qui eft formée par la ligne *u o p* fur la bafe : ce qui fe démontrera de la mefme façon que la ligne N L a efté démontrée eftre couppée en deux également au point P.

Mais fi *n l* eft paralelle à *u o* elle fera couppée en deux également au point C comme il fera aifé de conclure du 15 Lemme, & la commune Section des deux plans A *u o* & N L A *n l* fera la ligne droite A P paralelle à *n l* par le 18 Lemme, & A C ayant efté démontrée paralelle à N L : cette ligne N L fera couppée en deux également au point P par le 6 Lemme, par la ligne A P paralelle à *n l*. Mais la ligne V A a rencontré la bafe au point *u*, & le plan qui paffera par les deux lignes paralelles *u o*, A P paffera auffi par la ligne A *u* & par confequent par le point V fur le plan couppant & par le centre O, puifque ce plan paffe par le point *o* fur la bafe, qui forme le centre O fur le plan couppant, & ainfi en ce cas la ligne V P fera auffi diametre.

De plus fi les deux plans A V N, A V L donnent fur le plan de la bafe deux lignes touchantes *u n, u l* paralelles entr'elles, ce qui arrivera feulement lorfque la ligne A V ne rencontrera point le plan de la bafe, & cette ligne A V fera paralelle aux deux lignes *u n, u l* fur la bafe par le 20 Lemme : Mais la ligne *n l* qui joint les attouchemens paffera par le centre du cercle. Mais il a efté auffi démontré qu'elle doit paffer par le point C, donc cette ligne *l* C *n* rencontrera en *p* la ligne *o p* me-

née par le point *o* paralelle à la ligne *n n* ou *n l* touchante par le Scholie du 15ᵉ Lem. & par le 14ᵉ Lem. elle sera couppée en 3 parties aux
poins *l* C, *n, p* harmoniquement. Il est évident qu'elle rencontrera
cette ligne *o p* en un point *p* puisqu'elle couppe perpendiculairement les
touchantes qui luy sont paralelles. Si donc des poins de division *l*, C,
n p on mene des lignes qui passent par le sommet A , elles coupperont
la ligne N L paralelle à l'une d'entr'elles A C en deux parties égales au
point P par le 6ᵉ Lemme , & le reste de la démonstration se fera comme cy-devant.

Troisiéme Partie des trois Sections.

Fig.
38.
39.
40.
41.

Si deux lignes droites V L , V N sur le plan couppant touchant la
Section conviennent en un point V : la ligne V H P M que l'on mene
de ce point V & qui rencontre en deux poins H & M la Section rencontrera aussi la ligne N L qui joint les attouchemens, en P & sera
divisée par les poins V, H, P, M en 3 parties harmoniquement.

Si l'on conçoit des plans qui passent par le sommet A & par les lignes
V L, V N, V M, L N ils rencontreront le plan de la base aux lignes
u l, *u n* qui toucheront le cercle aux poins *l* & *n*; *u m* qui le couppera
aux poins *h* & *m*; & *l n* qui joindra les attouchemens.

Mais si les 2 lignes *u n*, *u l* conviennent au point *u* par le 9ᵉ Lemme
la ligne *u m* sera couppée en 3 parties harmoniquement aux poins
u, h, p, m : donc sur le plan couppant la ligne V M qui est couppée aux
poins V, H, P, M par les lignes menées du sommet A aux poins de
division de la ligne *u m*, lesquels poins de division ont esté formez par
les poins V, H, P, M , & par le 6ᵉ Lemme cette ligne V M sera couppée aux poins V, H, P, M harmoniquement.

Mais si les deux lignes *u n*, *u l* touchantes sont paralelles entr'elles,
aussi la ligne *u m* qui couppe le cercle leur sera aussi paralelle par le
20ᵉ Lemme, & elle sera couppée en deux également & perpendiculairement par la ligne *l n* qui joint les attouchemens , & la ligne A V
qui est la rencontre des plans A V *u l*, A V *u n*, A V *u m* sera aussi
paralelle à *u m* par le 18ᵉ Lemme , & par le 4ᵉ Lem. la ligne V M
sera couppée par les lignes A V, A *h*, A *p*, A *m*, aux poins V, H, P, M
en 3 parties harmoniquement.

Si la ligne V H P M qui passe par le point V rencontre les Sections
opposées en H & en M, & celle qui joint les attouchemens en P :
cette ligne sera aussi divisée aux poins M, V, H, P en 3 parties harmoniquement :

moniquement. Car cette ligne M P donnera fur la bafe, la ligne *u m*
& cette ligne *u m* fera divifée aux poins *u, h, p, m* en 3 parties harmoniquement par le 9ᵉ Lemme, pourvû que les 2 lignes *u n, u l* conviennent
au point *u* & ayant tiré des lignes par le fommet A & par les poins
de divifion de la ligne *u m*, elles coupperont la ligne M P aux poins M,
V, H, P en trois parties harmoniquement par le 6ᵉ Lemme. Et fi les
deux touchantes *u n*, *u l* fur la bafe font paralelies, la mefme chofe fera
encore manifefte par le 6ᵉ Lemme.

Mais fi la ligne V N touche une des Sections oppofées, & la ligne
V L touche l'autre : la ligne V M qui paffant par le point V rencontre
l'une des deux Sections en deux poins H & M, & la ligne N L qui
joint les attouchemens en P fera divifée aux poins V, H, P, M en trois
parties harmoniquement. Car ces deux touchantes donnent fur le
plan de la bafe les deux touchantes *u n, u l* & la ligne *u m* qui eft donnée par la ligne V M eft couppée en trois parties harmoniquement,
aux poins *u, h, p, m* pourvû que les lignes *u n* & *u l* conviennent au point
u. Et fi par ces poins de divifion & par le fommet A on mene des
lignes, elles coupperont la ligne V M aux poins V, H, P, M qui ont
formé les poins de la ligne *u m* fur la bafe, en trois parties harmoniquement par le 6ᵉ Lemme. Et fi les touchantes *u n* & *u l* fur la bafe étoient
paralelles on démontrera la mefme chofe, comme cy-devant.

De plus fi la ligne V H P M rencontre les deux Sections oppofées
aux poins H & M & celle qui joint les attouchemens au point P : elle
fera auffi divifée en ces poins V, H, P, M en trois parties harmoniquement. Car la ligne *u m* qu'elle forme fur le plan de la bafe, couppe le
cercle aux poins *h* & *m*. Et celle qui joint les attouchemens au point
p : mais tous ces poins *u, h, p, m* divifent la ligne *u m* en trois parties,
harmoniquement par le 9 Lemme, pourvû que les lignes *u n* & *u l*
conviennent au point *u* & font formez par les poins V, H, P, M. Si
l'on mene donc des lignes par les poins de divifion de la ligne *u m* &
par le fommet A elles coupperont la ligne V M aux poins V, H, P, M
en trois parties harmoniquement par le 6 Lemme. Et fi les touchantes
u n & *u l* eftoient paralelles, la mefme demonftration s'en feroit comme cy-devaut par le 4. Lemme.

Dans la parabole, dans l'hyperbole & dans les Sections oppofées.
Si du point *u* fur la bafe on mene une ligne *u* C qui couppe le cercle
en un des poins où la ligne B C le rencontre : cette ligne *u* C formera
fur le plan couppant une ligne V P qui fera couppée en deux égale-

E

ment par la Section qu'elle rencontrera feulement en un point, par
la ligne N L qui joint les attouchemens & par le point V. Car le plan
A *u* C donnera fur le plan couppant la ligne V P, & fur le plan par
le fommet A B C la ligne A C qui fera paralelle à V P. Mais fi l'on
mene des lignes par le fommet A & par les poins de divifion de la
ligne *u* C qui fera couppée aux poins *u*, *h*, *p*, C en trois parties harmoniquement par le 9ᵉ Lemme, pourvû que les deux lignes *u n*, & *u l*
conviennent au point *u*, elles coupperont la ligne V P paralelle à A C
l'une d'entr'elles en deux parties égales par le 6 Lemme aux poins V,
H, P.

Il fera évident dans la parabole que cette ligne V P fera diametre
puifqu'elle eſt donnée par la ligne V C qui couppant le cercle paſſe par
le point C où la ligne B C le touche.

Mais dans l'hyperbole & dans les Sections oppofées cette ligne V P
formée par la ligne V C fera paralelle à une des Afymptotes, ce qui
eſt évident, Puifque la ligne A C fera commune Section du plan A *o*
C qui forme l'Afymptote & du plan A *u* C qui forme la ligne V P fur
le plan couppant, & puifque cette ligne A C eſt fur le plan A B C paralelle au plan couppant par le 20ᵉ Lemme, ces plans A *o* C, A *u* C donneront fur le plan couppant deux lignes paralelles entr'elles, à fçavoir l'Afymptote & la ligne V P.

Si les lignes *u l*, *u n* fur la bafe étoient paralelles en menant auffi
V C qui leur foit paralelle, la demonſtration s'en fera comme cy-devant par le 4ᵉ & 6ᵉ Lemme.

Et fi le point V eſtoit pris dans une des Afymptotes, & que de ce point
on mene une touchante à la Section, & que par le point touchant on
mene une paralelle à l'autre Afymptote, la ligne qui paſſant par le
point V, & qui remonſtre les Sections oppofées, & celle qui eſt paralelle à l'autre Afymptote fera couppée auffi harmoniquement, ce qui
eſt évident par la conſtruction & par la generation des Afymptotes,
& fuivant ce qui vient d'eſtre dit.

Quatriéme Partie des 3. Sections.

Si l'on mene une ligne droite E D V fur le plan couppant, qui étant
prolongée ne rencontre point la Section, ou bien les Sections oppofées, n'étant pas Afymptote. Ayant pris autant de poins que l'on voudra comme D, V, fur cette ligne, & fi de chacun de ces poins on mene deux touchantes à la Section ou aux Sections oppofées comme

VL, V N : D H, D M : Je dis que toutes les lignes comme N L, H M qui joindront les attouchemens, pafferont toutes par un mefme point P dans la Section ou dans les Sections oppofées. Et de plus je dis que toutes les lignes droites comme E F P G qui paffant par le point P rencontrent la ligne V D en E, & la Section ou les Sections oppofées aux poins F & G feront couppées en ces mefmes poins E, F, P, G en trois parties harmoniquement.

Si l'on mene des plans qui paffent par le fommet A & par toutes les lignes V D, VN, V L, D H, D M, L N, H M, E G tous ces plans rencontreront le plan de la bafe aux lignes *u d* qui ne rencontrera point le cercle, *u n*, *u l*, *d h*, *dm* qui le toucheront aux poins *n*, *l*, *h*, *m* formez par les poins N, L, H, M de la Section ou des Sections oppofées, *l n*, & *h n* qui joindront les attouchemens, & *e g* qui couppera le cercle aux poins *f* & *g* formez par les poins F & G de la Section ou des Sections oppofées, & qui paffera en *p* qui fera donné par le point P, & qui fera commune Section des lignes qui joindront les attouchemens, comme le point P eft la commune Section de toutes les lignes qui joignent les attouchemens fur la Section, ou fur les Sections oppofées, & en *e* la ligne *u d* qui eft formée par la ligne V D & le point *e* par le point E.

Par le 15e Lemme, fi du point *e* on mene des touchantes au cercle, la ligne qui joindra les attouchemens paffera par le point *p* & par le 9e Lemme, la ligne *e g* fera couppée aux poins *e*, *f*, *p*, *g* en trois parties harmoniquement. Mais les lignes menées par ces poins de divifion & par le fommet A rencontreront la ligne E G fur le plan couppant aux poins E, F, P, G & par le 5 ou 6e Lemme elle fera couppée en ces poins E, F, P, G en 3 parties harmoniquement, & ainfi des autres.

Mais fi le plan A V D eft paralelle au plan de la bafe, la ligne V D ne pourra point donner de ligne *u d* fur la bafe, & pour lors les plans A V N, A V L donneront fur la bafe par le 10e Lem. deux lignes touchantes paralelles entr'elles, la ligne donc qui joindra les attouchemens paffera par le centre du cercle. Demefme les 2 plans A H D, A M D donneront fur le plan de la bafe deux lignes touchantes paralelles entr'elles, & celle qui joindra les attouchemens paffera par le centre du cercle, & ainfi de toutes les autres ; le point P fur la Section donnera donc en ce cas le centre du cercle de la bafe ; mais le plan A D V eftant paralelle en ce cas au plan de la bafe, la ligne A E fera paralelle à la ligne *f g* mais cette ligne *f p g* paffera par le centre du cercle. Elle

sera donc couppée en 2 également par ce centre, & par le 4 ou 6^e
Lemme la ligne E G sera couppée aux poins E, F, P, G en trois parties harmoniquement.

Mais si le plan A D V n'est pas paralelle au plan de la base, & que
la ligne menée du sommet A au point E ne puisse point rencontrer le
plan de la base, aussi les plans qui passeront par le sommet A & par les
lignes qui toucheront la *Section* ou les *Sections* opposées venant du
point E donneront sur le plan de la base deux touchantes paralelles entr'elles, & à la ligne A E par le 20e Lemme, puisque la rencontre de
ces deux plans est une ligne A E qui ne peut rencontrer le plan de la
base, & celle qui joindra les attouchemens passera par le centre du cercle & sera perpendiculaire aux touchantes : mais la ligne *f g* est aussi
paralelle aux touchantes & sera aussi perpendiculaire à celle qui joint
les attouchemens, & en sera couppée en deux également au point *p* :
mais la ligne A E luy est paralelle. Si l'on mene donc des lignes par le
sommet A & par les poins *f p g* ces lignes avec la ligne A E coupperont la ligne E G sur le plan couppant en 3 parties harmoniquement
par le 4e ou 6e Lem.

Mais si sur la *Section* on mene la ligne F G par le point P paralelle
à D V je dis que cette ligne F G sera couppée en deux également au
point P.

Car si l'on mene des plans par le sommet A, & par ces deux paralelles D V, F P G ces deux plans coupperont le plan de la base aux
deux lignes *d u*, *f p g* qui se rencontreront en un point, ou qui seront
paralelles. Si elles se rencontrent en un point *e* suivant ce qui a esté
demonstré au commencement de cette partie, cette ligne *e f p g* est coupée en 3 parties harmoniquement en ces poins *e, f, p, g* & les lignes qui
passeront par ces poins de division & par le sommet A coupperont la
ligne F P G paralelle à A *e* l'une d'entr'elles, en deux parties égales
aux poins F, P, G par le 3e Lemme. Il est evident que la ligne A *e* est
paralelle à F P G car les deux plans A *e g*, A *e u* estant couppés par le
plan couppant donnent sur ce plan couppant deux lignes F G, D V paralelles entr'elles & à la ligne A *e* leur commune rencontre par le 18^e
Lemme.

Mais si les deux lignes *d u*, & *f g* sont paralelles entr'elles, la ligne
qui joindra les attouchemens des touchantes qui leurs seront paralelles, passera par le point *p* & par le centre du cercle par le scholie du
25e Lemme, & couppera perpendiculairement toutes ces paralelles

eftant diametre du cercle , & par confequent en deux également la
ligne *f g* en *p*. La ligne A *p* couppant donc en deux également la ligne
f g dans le triangle A *f g* couppera auffi en deux également en P la ligne F G paralelle à *f g*.

Dans la parabole & dans l'hyperbole ; fi la ligne qui paffe par le
point *p* comme *e p* C rencontre le cercle aux poins C ou B , ou la ligne
B C le rencontre, cette ligne formera fur la Section une ligne qui ne
rencontrera la Section qu'en un point , & fuivant ce qui a efté dit dans
la Partie precedente : cette ligne dans la parabole fera diametre & dans
l'hyperbole fera paralelle à l'une des Afymptotes. Et puifque cette
ligne *e f p* C eft couppée en trois parties harmoniquement aux poins
e f, *p*, C , ainfi qu'il vient d'eftre démontré. Si l'on mene des lignes
par le fommet A & par ces poins de divifion , puifque la ligne A C
l'une d'entr'elles eft paralelle à la ligne P E , eftant toutes deux Sections d'un mefme plan A F C , & de deux plans paralelles du couppant
& du plan A B C par le fommet : cette ligne P E fera couppée en 2
parties égales aux poins P F E par le 3e Lemme.

Il fera auffi évident que fi l'on prend un point P dans la Section, &
que de ce point P on mene des lignes qui rencontrent la Section ou les
Sections oppofées, fi de ces rencontres on mene des touchantes : elles
s'affembleront toutes deux à deux, à fçavoir celles qui partent des extremitez d'une mefine ligne, fur une mefme ligne droite: hormis feulement lorfque les deux touchantes aux extremitez de l'une de ces lignes
feront paralelles entr'elles : car pour lors ces touchantes feront auffi
paralelles à la ligne fur laquelle s'affemblent toutes les autres touchantes : & les lignes qui paffent par ce point P & qui rencontrent la Section ou bien les Sections oppofées feront couppées en trois parties
harmoniquement par les deux poins de rencontre de la Section ou des
Sections oppofées, par la rencontre de la ligne où s'affemblent les touchantes & par le point P , & fi elles ne rencontrent pas la Section en
2 poins ou qu'elles ne rencontrent feulement qu'une des Sections oppofées & feulement en un point , ou bien qu'elles ne rencontrent point
la ligne où s'affemblent les touchantes : elles feront couppées en deux
également par les autres poins de rencontre. Ce qui eft la converfe
de cette partie.

Pour les Sections oppofées on obfervera que fur la bafe de tous les
poins pris hors du cercle dans l'angle B *o* C où fon oppofé au fommet
on pourra mener deux touchantes à l'une des parties du cercle qui for-

me l'une des Sections oppofées : & par confequent fi fur le plan couppant on prend quelque point dans les angles formez par l'angle B *o* C
où fon oppofé au fommet, qui font ceux qui contiennent les Sections
oppofées, & qui font formez par les Afymptotes, ainfi qu'il a efté dit,
on pourra de ce point mener deux touchantes à l'une des Sections,
puifqu'elles font formées par les touchantes du cercle. Mais fi fur la
bafe on prend un point hors de cét angle B *o* C ou de fon oppofé au
fommet, les lignes qui venant de ce point toucheront le cercle, l'une
touchera neceffairement la partie du cercle qui forme une des Sections
oppofées, & l'autre touchera l'autre partie du cercle qui forme l'autre
Section oppofée. Auffi fur le plan couppant, fi l'on prend un point hors
de ces deux angles qui comprennent les Sections, & qui font formez
par les Afymptotes, on pourra de ce point mener feulement deux
touchantes aux deux Sections oppofées à chacune une.

Cinquiéme Partie des trois Sections.

Fig.
45.
46.
47.
Si l'on mene une ligne droite Y D fur le plan couppant qui couppe
la Section ou les Sections oppofées aux poins N & L. Ayant pris autant de poins que l'on voudra comme Y D fur cette ligne & hors de la
Section ou des Sections oppofées : fi de chacun de ces poins on mene
des touchantes à la Section au aux Sections oppofées comme Y Q,
Y R : D M, D H : Je dis que toutes les lignes comme Q R & H M
qui joindront les attouchemens pafferont par un mefme point P hors
de la Section ou des Sections oppofées, ou bien elles feront toutes
paralelles entr'elles ce qui arrivera lorfque la ligne Y D paffera par le
centre de la Section ou des Sections oppofées.

Car fi l'on mene des plans qui paffent par le fommet A & par les
lignes Y D, R Q, M H, Y Q, Y R, D M, D H, ces plans rencontreront le plan de la bafe aux lignes *y d* qui couppera le cercle de la bafe
aux poins *n* & *l* ; *y q, y r, d h, d m* qui toucheront le cercle aux poins
q, r, h, m qui feront formez par les poins Q, R, H, M ; & *r q* & *m h*,
qui joindront les attouchemens. Mais toutes les lignes comme *r q*,
m h qui joindront les attouchemens des lignes menées des poins comme *y* & *d* de la ligne *y d* qui couppe le cercle conviendront toutes en
un point *u* hors le cercle par le 16ᵉ Lemme, auquel point les lignes *n u*,
l u qui touchent le cercle aux poins *n* & *l* ou la ligne *y d* le couppe conviennent auffi ; ou bien ces lignes touchantes & celles qui joignent les
attouchemens feront toutes paralelles entr'elles, ce qui arrivera lorf-

que la ligne *y d* paſſera par le centre du cercle, & pour lors la ligne qui
ſera la commune rencontre de tous les plans qui paſſent par le ſommet
A , & par toutes ces paralelles qui touchent le cercle & qui joignent
les attouchemens ne rencontrera point le plan de la baſe & ſera paralelle aux paralelles qui ſont ſur la baſe par le 18ᵉ Lem. Mais toutes ces
lignes qui ſont ſur la baſe ſont formées par celles qui ſont ſur le plan
couppant, donc celles qui ſont ſur le plan couppant & qui joignent les
attouchemens des lignes menées des poins de la ligne Y D ſe rencontreront toutes au point V où conviennent les lignes qui touchent la
Section ou les Sections oppoſées aux poins N & L ou la ligne Y D
couppe la Section ou les Sections oppoſées , lequel point V eſt formé
par le point *u* de la baſe , ou par la ligne qui eſt commune rencontre
des plans qui paſſent par le ſommet A , & par les lignes touchantes aux
poins *n* & *l* & par *r q*, & *m h*. Mais ſi cette ligne qui eſt commune
rencontre de ces plans ne rencontre point le plan couppant, pour lors
les lignes N V , R Q , M H , L V ſeront paralelles entr'elles & à la
ligne commune rencontre des plans, & la ligne Y D qui joint les attouchemens des touchantes paralelles ſera diametre de la Section ou
des Sections oppoſées , ſuivant la premiere Partie.

Je dis de plus que toutes les lignes menées par ce point V & qui
rencontreront la Section en deux poins ou bien les Sections oppoſées,
& la ligne Y D menée d'abord ſeront couppées en trois parties harmoniquement. Et ſi cette ligne menée par le point V eſt paralelle à la
ligne Y D ou bien ſi elle ne rencontre la Section qu'en un point ſeulement elle ſera couppée en deux parties égales, ce qui eſt évident par
la 3ᵐᵉ partie : car les lignes V N , V L qui conviennent au point V
touchent la Section ou les Sections oppoſées aux poins N & L & la
ligne Y D n'eſt qu'une meſme ligne avec N L qui joint les attouchemens.

Sixiéme Partie des trois Sections.

Si trois lignes droites K N , K H , D L touchent la Section ou les Fig.
Sections oppoſées aux poins N , H , L chacune ſera couppée par les 48.
deux autres, & par celle qui joint leurs attouchemens, & par ſon 49.
propre point touchant en trois parties harmoniquement comme D L 50.
ſera couppée aux poins D , R , L , S en cette proportion, à ſçavoir aux 51.
poins R & S par les autres touchantes K N , K H ; au point D par la
ligne H N qui joint leurs attouchemens & par ſon propre point d'at-

touchement au point L. De mesme la ligne K H sera divisée en la mesme proportion aux poins K, T, S, H, à sçavoir aux poins K & S par les deux autres touchantes D L, N K, au point T par la ligne N L qui joint leurs attouchemens, & en son propre point d'attouchement H. K N aussi sera divisée de mesme aux poins K, V, R, N, à sçavoir aux poins R & K par les deux autres touchantes au point V par la ligne H L qui joint leurs attouchemens & au point N par son propre point d'attouchement pourveu qu'il n'y en ait point de paralelles entr'elles.

Si l'on mene des plans par le sommet A & par les lignes K N, K H, D S, D H, N T, H V ces plans rencontreront le plan de la base aux lignes *k n, k h, d s* qui toucheront le cercle aux poins *n, h, l* formez par les poins N, H, L, qui sont sur les Sections ; & *d h, n t, h u*, qui joindront ces attouchemens.

Par le 17e Lemme ces lignes touchantes sur la base s'entrecoupperont toutes avec celles qui joignent les attouchemens en trois parties harmoniquement pourveu qu'elles s'entrecouppent toutes, & si quelqu'une de ces touchantes est paralelle à une autre. ou à une de celles qui joignent les attouchemens elle sera couppée par les autres en deux parties égales par le mesme 17e Lemme. C'est pourquoy si l'on mene des lignes par le sommet A & par tous les poins de division des lignes qui sont sur la base, ces lignes coupperont le plan couppant en tous les poins de division des lignes qui y ont esté tirées & qui ont formé les poins de division sur les lignes de la base, & par le 4, 5 & 6e Lem. la proposition sera évidente.

Mais si sur le plan couppant deux touchantes K N, K H sont paralelles entr'elles pour lors la ligne commune rencontre des plans qui passeront par le sommet A & par ces paralelles sera paralelle à ces touchantes par le 18e Lem. & si ces touchantes paralelles forment sur la base les touchantes *k n, k h* paralelles entr'elles, ces touchantes *k n, k h* paralelles seront couppées en deux parties égales par le 17e Lem. par les autres lignes, mais si l'on mene des lignes par le sommet A & par ces 3 poins de division ces trois lignes coupperont aussi en deux parties égales les touchantes sur le plan couppant puisqu'elles sont paralelles aux touchantes de la base couppées en deux parties égales par les 3 mesmes lignes.

Mais si les touchantes paralelles sur le plan couppant donnent les touchantes *k n, k h* sur la base qui concourrent en un point *k* chacune de ces touchantes sera couppée par les autres lignes en 3 parties harmoniquement,

moniquement, & fi l'on mene des lignes par le fommet A & par les
poins de divifion de ces touchantes elles coupperont la touchante
N V ou H T en deux parties égales aux poins R & S par le 3e Lem.
car ces touchantes N V ou H T ont efté démontrées paralelles en ce
cas à la ligne A *k* l'une de celles qui ont efté menées du fommet A
aux poins de divifion des touchantes fur la bafe.

Maintenant fi fur le plan couppant la touchante R S eft paralelle à
N H qui joint les attouchemens des deux autres touchantes. Les plans
qui pafferont par le fommet A , & par ces deux paralelles R S & N H
auront pour commune rencontre la ligne A D paralelle à ces deux
lignes R S, N H par le 18e Lem. Et fi ces 2 paralelles donnent fur
la bafe les 2 lignes *rf, n h* paralelles entr'elles , cette touchantes *rf*
eftant couppée en deux également par fon point d'attouchement *l* : la
ligne A *l* couppera auffi en deux également en L la ligne R S qui eft
paralelle à *rf.* Mais fi ces deux paralelles R S & N H donnent fur la
bafe les 2 lignes *rf, n h* qui concourent en un point *d* la ligne *d f* eft
couppée en trois parties harmoniquement aux poins *d, r , l , f* par le
17 Lemme, & les lignes qui paffent par le fommet A & par ces poins
de divifion couppent en 2 parties égales , la ligne R S au point L par
le 3, & 6e Lem. puifque cette ligne R S eft demontrée paralelle à A *d*,
l'une de celles qui paffent par le fommet A , & par un des poins de divifion de la ligne *d f.*

Je donnay l'année paffée les demonftrations de ces touchantes felon
la methode des anciens avec plufieurs autres particularitez fur la pratique.

II. PROPOSITION.

UNE ligne droite B A eftant donnée fur un plan, & terminée aux   Fig.
poins B & A avec une autre ligne G A qui la rencõtre à l'extre-   52.
mité A, & qui faffe un angle avec elle ; décrire les deux Sect. que l'on   53.
appelle Elipfe & hyperbole ; enforte que la ligne droite terminée B A   54.
en foit le diametre, & l'autre G A foit la touchante à l'extremité de ce
diametre. Et fi la ligne B A eft terminée feulement en l'une de fes extremitez A où elle eft rencontrée par l'autre G A ; d'écrire la Section
appellée parabole dont la ligne B A fera diametre & l'autre G A
touchante à l'extremité de ce diametre : lefquelles Sections pafferont
par le point C donné fur ce mefme plan. Enforte qu'il foit dans la parabole & dans l'Elipfe entre la touchante & le diametre, & dans l'hy-

F

perbole entre la mefme touchante & la partie du diametre prolongée au delà de A.

Par le point C foit tiré la ligne C D qui rencontre au point D le diametre B A prolongé pour l'Elip.& pour la Parab.qu'il foit fait comme
D B à D A ainfi E B , E A & cette ligne fera couppée en 3 parties harmoniquement aux poins B,D,A, E pour l'Elipfe & pour l'hyperbole :
mais pour la parabole, foit fait D A, & E A égales. Par le point E foit
mené la ligne E F paralelle à la touchante A G , mais il faut qu'elle ne
paffe pas par le point C puis dans l'Elipfe & dans l'hyperbole par le
point C & par B l'une des extremitez du diametre foit mené la ligne
B C ; & dans la parabole foit mené la ligne C A du point C à l'extremité A du diametre,ou bien C G paralelle au diametre B A ,cette ligne
rencontrera la ligne E F au point F. Et du point F ayant tiré la ligne
F A au point A elle couppera D C en I : Je dis que ce point I eft un
des poins de la Section.

Si la Section qui paffe par le point C ne paffe pas par le point I elle
couppera donc la ligne C D en quelqu'autre point , & foit le point
P, car elle ne la fçauroit toucher , le point C n'étant pas fur E F par le
4. 5. & 6e Lemme, la ligne C D fera couppée aux poins C,H, I,D en 3
parties harmoniquement par les lignes qui paffent par le point F & par
les poins de divifion de la ligne B A, & par la premiere propofition la
ligne E F eftant une ordonnée au diametre B A elle joindra les attouchemens à la Section des lignes menées du point D, & la ligne D C
qui rencontre la Section aux poins P & C fera couppée en trois parties harmoniquement aux poins C, P par la Section au point H ou
celle qui joint les attouchemens des lignes menées du point D,rencon-
tre cette ligne D C, & au point D d'où partent les lignes touchantes :
mais cette ligne D P H C a efté auffi couppée aux poins D,I, H, C
harmoniquement : D C fera donc à C H comme P D à P H ou comme I D à I H ce qui eft impoffible ; donc la Section paffera au point I.

On trouvera de mefme façon une infinité de poins des Sections en
fe fervant du point I & des autres trouvez comme on s'eft fervy du
point C.

III. Proposition.

Fig.
55.
56.

SOIT une hyperbole ou les Sections oppofées C D & leurs Afymptotes A B, A E ; fi du point C pris fur cette hyperbole ou fur l'une
des Sections oppofées , on tire deux lignes C G, C H dont l'une ren-

contre une des Afymptotes en **G** , & l'autre rencontre l'autre en **H** ;
& fi de quelqu'autre point D pris fur la mefme hyperbole ou fur l'autre Section oppofée on tire deux lignes D F, D I parale''es aux precedentes, & qui fe terminent aux mefmes Afymptotes : ectangle fous
les deux lignes C G, C H menées d'un mefme point ra égal au rectangle fous les deux autres D F , D I menées de l'autre point D.

Ayant tiré la ligne B E qui paffe par les poins C & D , & qui rencontre les Afymptotes en B & en E, par la premiere propofition les
parties B C & D E feront égales , & B D & C E auffi égales. C'eft
pourquoy B C fera à B D comme E D à E C : Mais au triangle B D F
la ligne C G eft paralelle à D F ; donc C G fera à D F comme B C
à B D. Auffi au triangle E C H, D I eft paralelle à C H : donc comme
D I à C H, ainfi E D à E C, & par confequent C G fera à D F comme D I à C H & le rectangle fous les extrémes C G, C H fera égal au
rectangle fous les moyennes D F, D I , ce qui eftoit propofé.

IV. PROPOSITION.

SI deux lignes droites E F, G D touchant une hyperbole aux poins
C & B, rencontrent les Afymptotes en E & en F : en G & en D :
elles coupperont des Afymptotes vers le centre A des parties E A ,
F A : & G A, D A qui comprendront des rectangles égaux.

Par la 1re. Prop. les lignes E F, G D font couppées en 2 également
aux poins d'attouchement C & B, & de ces poins B & C ayant mené
jufques aux Afymptotes les lignes B I, B H : C M, C L paralelles aux
Afymptotes par la 3 prop. le rectangle fous B I, B H eft égal au rectangle fous C M, C L : Mais à caufe des paralelles B I, B H aux Afymptotes A H, A I ; A H & A I feront égales à B I, B H, Mais A H , &
A I font moitiez de D A, G A à caufe que G D eft couppé en 2 également en B : donc le rectangle fous D A, G A fera quadruple du rectangle fous B I, B H. Par la mefme raifon le rectangle fous E A, F A
fera quadruple du rectangle fous C L, C M : les 2 rectangles donc
fous G A, D A, & fous E A, F A feront égaux eftant quadruples des
rectangles égaux fous B I, B H & fous C M, C L , ce qu'il falloit démontrer.

Corrolaire.

Il s'enfuit que fi l'on tire les lignes E D, G F elles feront paralelles.

F ij

Fig.
80.

V. PROPOSITION.

Fig. 81. SOIT une hyperbole F C G dont les Asymptotes soient A E, A H : si l'on mene une ligne droite E H qui couppant l'hyperbole aux poins F & G rencontre les Asymptotes en E & en H ; & si l'on mene une autre ligne B D paralelle à E H & qui touchant l'hyperbole au point C rencontre les Asymptotes en B & en D : Je dis que le rectangle sous E F, F H, ou E G qui luy est égal, sera égal au quarré de B C ou au rectangle sous B C, C D qui est la mesme chose.

Par la 1re. Prop. B D touchante est couppée en 2 également en C par le point d'attouchement & E G & F H sont égales puisque E F & G H le sont aussi : Mais par la 3e prop. puisque du point F on a mené les 2 lignes F E, F H aux deux Asymptotes A E, A H ; & du point C les deux autres C B, C D paralelles aux precedentes F E, F H : le rectangle sous F E, F H sera égal au rectangle sous B C, C D qui est le quarré de B C, ce qu'il falloit démontrer.

Et si l'on veut mener une ligne par les poins F & C qui rencontre les Asymptotes on pourra y faire la démonstration de la 3e prop.

VI. PROPOSITION.

Fig. 82. SOIT une hyperbole F C & ses Asymptotes A I, A H ; du centre A soit mené la ligne A C qui rencontre l'hyperbole en C, & soit mené quelqu'autre ligne L F paralelle à A C qui rencontre l'hyperbole en F & un des Asymptotes en I, & l'autre en L prolongé au delà du centre A : Je dis que le rectangle sous F I, F L est égal au quarré de A C.

Par la 3e prop. si du point F on mene les deux lignes F I, F L qui sont conjointes & qui rencontrent les Asymptotes en I & en L ; & du point C si l'on mene les deux autres C A, C A qui rencontrent les Asymptotes au point A & qui ne sont qu'une mesme ligne : le rectangle sous F I, F L sera égal au quarré de C A qui est égal au rectangle sous C A, C A, ce qu'il falloit démontrer.

Et si l'on y veut joindre la démonstration de la 3e prop. Il n'y aura qu'à tirer une ligne qui passant par les poins F & C rencontre les Asymptotes comme en la precedente.

VII. PROPOSITION.

Fig. 83. SOIT une hyperbole F D H, & ses Asymptotes A E, A I ; si l'on

mene la ligne E H qui rencontre l'hyperbole en 2 poins F & H, & l'A-
fymptote A E au point E ; fi l'on mene auffi la ligne touchante C D
paralelle à E H & fon diametre B A D G : Je dis que le quarré de F G
eft au rectangle fous B G, G D : comme le quarré de C D touchante à
l'extremité du diametre B D, au quarré de A D moitié du mefme diametre.

Le rectangle fous E H, E F avec le quarré de F G eft égal au quarré
de E G. Et le rectangle fous B G, G D avec le quarré de A D eft égal
au quarré de A G : Mais comme le quarré de E G au quarré de A G :
ainfi le quarré de C D au quarré de A D, à caufe des triangles femblables A E G, A C D : fi l'on ofte donc du quarré de E G le quarré de
C D ou fon égal le rectangle fous E H, E F par la 5ᵉ prop. il reftera le
quarré de F G ; & fi du quarré de A G on ofte le quarré de A D il
reftera le rectangle fous B G, G D : puifque donc les quarrez oftez
font entr'eux comme les quarrez entiers, les reftes qui font le quarré
de F G, & le rectangle fous B G, G D feront entr'eux comme les
quarrez entiers de E G & de A G ou de C D & de A D, ce qu'il falloit
démontrer.

Corrolaire 1.

Il s'enfuit que les quarrez de toutes les ordonnées comme F G au
diametre B D G feront tous entr'eux comme les rectangles fous les
parties du mefme diametre, comprifes entre la rencontre des ordonnées comme G & les extremitez du diametre comme fous les parties
G D, G B puifqu'il vient d'eftre demontré que chaque quarré eft à fon
rectangle comme le quarré de C D au quarré de D A. J'ay demontré
cecy autrement dans la 13ᵉ prop. conjointement avec l'Elipfe.

Corrolaire 2.

Une hyperbole eftant donnée en trouver les Afymptotes. Ayant mené un diametre A G dont F G foit ordonnée & ayant mené C D paralelle à l'ordonnée & à l'extremité D de ce diametre, & ayant fait que
comme le rectangle fous B G, G D au quarré de G F ainfi le quarré
de A D demy diametre au quarré de D C ; fi par le point C & par le
centre A de l'hyperbole on mene la ligne A C elle fera Afymptote
fuivant ce qui a efté demontré cy-deffus.

F iij

VIII. PROPOSITION.

Fig.
83.

LEs mefmes chofes eftant pofées que dans la precedente : Je dis que fi du point H on mene la ligne H L paralelle au diametre B D, & qui rencontre les Afymptotes en I & en L ; le quarré de F H fera au quarré de I L comme le quarré de C D au quarré de D A.

Si par le centre A on mene la ligne A M paralelle à E H elle couppera en deux également en M la ligne L I par la 1ʳᵉ. prop. car elle fera diametre conjugué au diametre B D, & à caufe des paralelles E H, C D, A M ; & A G, L H, la ligne A M fera égale à G H & les triangles A C D, A L M feront femblables : donc le quarré de A M ou de fon égale G H fera au quarré de L M comme le quarré de C D au quarré de A D, ou leurs quadruples les quarrez de F H & de L I, ce qui eftoit propofé.

Corrolaire 1.

Il s'enfuit que le quarré de L M eft égal au rectangle fous B G, G D. Car il a efté demontré cy-deffus que le quarré de A M eft au quarré de L M comme le quarré de C D au quarré de A D : mais par la 7ᵉ prop. le quarré de F G ou de G H ou de A M qui font égales eft au rectangle fous B G, G D ; comme le quarré de C D au quarré de D A, donc le quarré de L M fera égal au rectangle fous B G, G D.

Corrolaire 2.

Il eft auffi évident que le rectangle fous E H, E F eft au quarré de F G comme le rectangle fous H L, H I au quarré de L M, puifque ces rectangles font égaux aux quarrez de C D & de A D par la 5 & 6ᵉ prop. & qu'il vient d'eftre demontré que le quarré de F G eft auffi au quarré de L M comme le quarré de C D au quarré de A D.

IX. PROPOSITION.

Fig.
57.
58.
59.

SI dans une parabole, une Elipfe, une hyperbole, ou les Sections oppofées, on mene deux diametres B D, H F qui ne foient pas les conjuguez, & fi des extremitez B, D, H, F de ces diametres on mene des touchantes E F N, M H L, I B N, M D G elles rencontreront les diametres à l'extremité defquels elles ne font pas touchantes, & feront des triangles egaux avec ces diametres & avec les autres touchantes : comme le triangle O D E eft egal au triangle O F G, auffi le triangle H M G eft egal au triangle E B N.

Pour la Parabole.

Par la premiere Propofition les Diametres C E , F G eftant paralelles, fi du point F on mene la touchante F E elle rencontrera le diametre
C E au point E , & l'ordonnée F C du mefme point F au mefme diametre C E le rencontrera en C , & D C & D E feront égales ; mais la
touchante D G au point D eftant paralelle à l'ordonnée C F & les
diametres D C & G F eftát auffi paralelles D C & G F feront égales,
donc D E & G F le feront auffi, & par confequent les triangles O D E ,
O G F qui font femblables eftant entre-deux paralelles, feront egaux.

Pour l'Elipfe , pour l'yperbole , ou les Sect. opp.

Puifque ces deux diametres B D, H F ne font pas conjuguez. Il eft
évident que les touchantes aux extremitez de l'un rencontreront l'autre, puifque les touchantes font paralelles aux ordonnées par la premiere propofition. Mais puifque du point F la ligne F E eft menée
touchante, & rencontre le diametre B D en E, & F C eftant ordonnée
au mefme diametre B D & venant du mefme point F , ce diametre
B D fera couppé aux poins B, C, D, E en 3 parties harmoniquement
par la premiere propofition , mais D G & B I qui touchent la Section
aux extremitez du diametre B D font paralelles à l'ordonnée C F ; donc
les triangles A B I , A C F , A D G font femblables , & A D & A B
eftant égales , A I & A G le feront auffi , mais A H & A F le font de
pofition eftant demy diametres , donc I H & F G font égales, & par
confequent B C eft à C D comme I F ou fon égale H G à F G : mais
comme B C eft à C D ainfi B E à E D , la ligne B E eftant couppée en
3 parties harmoniquement aux poins B, E, D, C ; donc H G eft à G F
comme B E à E D , & divifant H F à F G comme B D à D E , & les
lignes B D & H F eftant couppées en deux également au point A
A D fera à A F comme A E à A G , & les deux lignes E G, D F feront
paralelles , & les deux triangles D F E , D F G feront égaux eftant
conftruits entre ces paralelles & fur une mefme bafe D F, defquels fi
l'on ofte le triangle commun D F O les triangles reftans O D E ,
O F G feront égaux. De plus les lignes M G , N I eftant paralelles, &
N F, M H l'eftant auffi l'angle F N I fera égal à l'angle H M G , mais
la ligne G F H I couppant les paralelles G M , N I & N F, M H
l'angle N F I fera égale à l'angle M H G & l'angle N I F fera égal à
l'angle M G H : donc les deux triangles F N I & H M G feront fem-

blables, mais les coftez F I & H G homologues font égaux, donc les
deux triangles F N I, H M G font femblables & égaux, & les deux
triangles A E F, A D G avec leurs oppofez femblables eftant égaux
en ajoûtant dans l'Elipfe aux triangles égaux D F E, D F G le commun A D F & dans les Sections oppofées aux égaux D O E, F O G
ajoûtant les communs A E G, E O G; Il s'enfuivra dans l'Elipfe
que fi du triangle F N I on ofte le triangle A I B & qu'on luy ajoûte
fon égal A E F, & au contraire dans les Sections oppofées le triangle
E N B fera égal au triangle F N I ou à fon égal G M H, ce qui eftoit
propofé.

X. Proposition.

Fig.
60.
61.

SI une ligne droite E A touchant une Elipfe on une hyperbole au
point E rencontre un des diametres B D prolongé s'il le faut au
point A, & du point touchant E ayant mené une ordonnée E C à ce
mefme diametre : Je dis que le quarré du demy diametre G B eft égal
au rectangle fous les deux lignes G A, G C, dont l'une eft comprife
entre le centre de la Section G & le point A de rencontre de la touchante, & l'autre eft comprife entre le mefme centre de la Section
G & le point de rencontre C de l'ordonnée.

Par la premiere propofition la ligne A D eft couppée en 3 parties
harmoniquement aux poins A, B, C, D, & ayant fait D F égale à A B;
A D fera à A B comme C D à C B & en compofant dans l'Elipfe &
divifant dans l'hyperbole F A fera à A B comme D B à C B, auffi G A
moitié de F A fera à A B comme G B moitié de D B à C B & par
converfion de raifon G A fera à G B comme G B à G C; G B fera
donc moyenne proportionelle entre G A & G C, & par confequent le
caré de G B fera égal au rectangle fous G A, G C, ce qu'il falloit
prouver.

XI. Proposition.

Fig.
62.

DAns une parabole D B le quarré d'une ordonnée D C à un diametre B C eft au quarré d'une autre ordonnée P S à ce mefme diametre : comme la ligne B C comprife entre l'extremité du diametre
B & l'ordonnée D C, à la ligne B S comprife entre la mefme extremité
B & la rencontre S de l'ordonnée P S.

Ayant mené les trois touchantes B I, R P Y, A D aux poins B, P, D
la touchante B I fera paralelle aux ordonnées D C, P S par la premiere
propofition,

propofition, & par le point P ayant tiré le diametre O P F qui fera
paralelle à B C ; R B & B S ou O P fon égale feront égales , l'une
eftant faite par la touchante & l'autre par l'ordonnée du mefme point
P , & par confequent R N & N P feront égales, de mefme P H & H Y
feront auffi égales , & par les poins N & H ayant tiré les lignes M E ,
H G paralelles à B C , & à caufe de Y H & H P égales , & de P N ,
& N R égales , & des paralelles à B C ; D G , G F feront égales ,
D H , H L le feront auffi , F E , E C le feront pareillement , & L M ,
M A.

Maintenant G E fera moitié de D C eftant compofée de la moitié
de D F & de la moitié de F C, auffi H M fera moitié de D A, c'eft-à-
dire égale à D I. Donc comme D C à F C ou P S fon égale ainfi G E
à F E ou H M à M L ou D I à I H puifque D H & H L font égales &
D I & H M font auffi égales : Mais comme D I à H I ainfi F O à O Q,
H Q eftant paralelle à D C, donc D C à P S comme F O à O Q,
auffi H N à N P comme Q O à O P, mais H N à N P, comme
G E à E F : donc F O à O Q comme O Q à O P, mais F O eft à
O Q comme D C à P S ; F O fera donc à O P en la raifon doublée
de D C à P S, c'eft-à-dire du quarré de D C au quarré de P S ; mais
F O & O P font égales à C B & B S le quarré de D C fera donc au
quarré de P S comme la ligne B C à la ligne B S, ce qui eftoit propofé.

XII. Proposition.

C OUPPER une fuperficie Conique A B L F en forte que la Se- *Fig.*
ction fur le plan couppant E D I G foit une hyperbole dont le **63.**
diametre E D foit égal à une ligne droite donnée ; & démontrer que
les quarrez des ordonnées G I , M L à ce mefme diametre font entr'-
eux comme les rectangles fous les lignes E G , D G : & E M , D M
comprifes entre les extremitez du diametre E & D & la rencontre
des ordonnées.

Ayant couppé les fuperficies oppofées par un plan qui paffe par le
fommet A & par le centre du cercle qui en eft la bafe. Il en refultera
les 2 angles H A F, N A E oppofez au fommet A. Et ayant porté fur
l'angle E A D la ligne D E qui doit eftre le diametre de l'hyperbole,
en forte qu'elle foit la bafe du triangle dont A eft le fommet , & cette
ligne E D eftant prolongée jufques à la bafe la rencontrera en G fur
le diametre du cercle H F Section du plan de la bafe, & du plan par le

ſommet A & par le centre du cercle. Soit élevé G I perpendiculairement à H F & par les deux lignes E G, G I ſoit mené un plan lequel
couppant la ſuperficie Conique, il en reſultera une hyperbole D LI,
ce qui eſt évident puiſque ſi l'on mene un plan par le ſommet A &
paralelle au plan couppant E I G ce plan rencontrera le cercle & paſſera au dedans de la ſuperficie Conique.

De plus ſi l'on mene un plan B L C paralelle au plan de la baſe H I F
& qui couppe la ligne D G en M la Section B L C ſera un cercle,
dont B C ſera diametre & paralelle au diametre H F eſtant la Section
d'un meſme plan A H F avec deux plans paralelles. Auſſi M L rencontre du plan B L C avec le plan de l'hyperbole ſera paralelle à G I,
& par conſequent perpendiculaire à B C qui eſt le diametre du cercle
B L C comme H F l'eſt du cercle H I F. Les lignes donc I G & L M
eſtant prolongées juſques à l'autre partie de la circonference de leurs
cercles les rencontreront où l'hyperbole les rencontre eſtât communes
Sections des plans des cercles & du plan de l'hyperbole elles ſeront
donc couppées en deux également par les diametres B C, H F aux
poins G & M & par la ligne E G auſſi aux meſmes poins, cette ligne
E G eſtant ſur le meſme plan que les lignes H F & B C : G I & L M
ſeront donc des ordonnées au diametre E G.

Maintenant, puiſque le quarré de I G eſt égal au rectangle ſous
H G, G F & que le quarré de L M eſt égal au rectangle ſous B M,
M C ; le rectangle ſous H G, G F ſera au rectangle ſous B M, M C
comme le quarré de I G au quarré de L M. Mais le rectangle ſous
H G, G F eſt au rectangle ſous B M, M C en la raiſon compoſée de
H G à B M & de G F à M C. Mais comme H G eſt à B M ainſi E G
eſt à E M, car ils ſont coſtez homologues des triangles ſemblables
E G H, E M B à cauſe de M B paralelle à G H. Et pour la meſme
raiſon G F ſera à M C comme D G à D M : donc le rectangle ſous
H G, G F ſera au rectangle ſous B M, M C, ou bien le quarré de I G
ſera au quarré de L M qui eſt la meſme choſe, en la raiſon compoſée
de E G à E M & de D G à D M : Mais auſſi le rectangle ſous E G,
D G eſt au rectangle ſous E M, D M en la meſme raiſon compoſée de
E G à E M & de D G à D M : donc le quarré de I G ſera au quarré
de L M comme le rectangle ſous E G, D G ſera au rectangle ſous
E M, D M ; & ainſi des autres ordonnées, ce qu'il falloit démontrer.

XIII. Proposition.

IL faut démontrer que dans l'Elipfe & dans l'hyperbole, les quarrez *Fig.* des ordonnées M P, E O à un diametre font entr'eux : comme les 64. rectangles fous N P, P B & fous N O, O B ; qui font comprifes en- 65. tre les extremitez du diametre N, B & la rencontre des ordonnées, O & P.

Sur le diametre N B foit appliqué le demy cercle N S B pour l'Elipfe : & pour l'hyperbole, l'hyperbole B S Q ayant mefme diametre N B & qui foit la Section d'une fuperficie Conique fuivant la propofition precedente. Des poins P & O ayant mené les ordonnées P Q, O D dans l'hyperbole N B Q au diametre N P & dans le demy cercle N S B perpendiculaires au diametre N B qui font fes ordonnées. Et par les poins M & E on tirera la ligne M E A jufques à la rencontre du diametre N B en A, pourveu que M E ne foit pas paralelle a N B, ce qui pourroit eftre dans l'Elipfe.

Si du point A on tire une ligne au point Q elle rencontrera la circonference du cercle ou l'hyperbole B Q à l'extremité de la ligne ordonnée O D au point D. Car fi l'on fait que comme A N eft à A B ainfi foit F N à F B ; & par le point F ayant mené l'ordonnée F L, la ligne A L menée du point A au point L touchera la Section en L par la 1re prop. de mefme fi du point F on mene l'ordonnée F S, la ligne A S menée du point A au point S touchera le cercle ou l'hyperbole B Q en S par le converf. du 8 Lem. & par la 1re prop. Mais par le 9 Lemme & par la 1re prop. la ligne A Q fera couppée au point V par la ligne F S aux poins Q & *d* par le cercle ou par l'hyperbole B Q & au point A en 3 parties harmoniquement ; & fi du point *d* de rencontre de la ligne A Q on mene la paralelle *do* à Q P ou l'ordonnée, par le 7 Lemme la ligne A P fera couppée aux poins A, *o*, F, P en 3 parties harmoniquement. Auffi la ligne M A par la 1re prop. fera couppée aux poins M, I, E, A en cette mefme proportion, & puifque l'on a mené les paralelles ordonnées M P, I F, E O : la ligne A P fera couppée aux poins A, O, F, P, en 3 parties harmoniquement par le 7. Lem. donc A P fera à P F comme A O à O F, mais il vient d'eftre démontré auffi que comme A P à P F ainfi A *o*, à *o* F donc les 2 poins *o* & O ne font qu'un mefme, & par confequent les deux poins *d*, D ne font auffi qu'un mefme. Or dans le cercle & par la prop. precedente le quarré de P Q eft au caré de D O comme le rectangle fous N P,

B P au rectangle fous N O, B O. Et à caufe des triangles femblables
A P Q, A O D, le quarré de A P fera au quarré de A O comme le
quarré de P Q au quarré de O D ; & à caufe des triangles femblables
A P M, A O E le quarré de P M fera au quarré de O E comme le
quarré de A P au quarré A O & en raifon égale le quarré de P Q fera
au quarré de O D comme le quarré de P M au quarré de O E, donc
aufli le quarré de P M fera au quarré de O E comme le rectangle fous
P N, P B au rectangle fous O N, O B, ce qu'il falloit démontrer.

Mais dans l'Elipfe fi la ligne M E eftoit paralelle à N B, les deux
lignes P M & O E feroient égales puifqu'elles font paralelles entr'elles, & par confequent leurs quarrez égaux. Mais cette ligne M E paralelle à N B feroit couppée en deux également au point H par le diametre G H conjugué au diametre N B par la 1re prop. & par confequent la ligne P O fon égale feroit aufli couppée en deux également
au point G qui eft le centre de la Section : mais les lignes G N, G B
font égales defquelles fi l'on ofte les égales G P, G O les lignes re-
ftantes P N, O B feront égales aufli bien que les compofées O N, P B,
c'eft pourquoy le rectangle fous N P, P B fera égal au rectangle fous
B O, O N. Il s'enfuivra donc que le quarré de P M fera au quarré
de O E fon égale en ce cas : comme le rectangle N P, P B au rectangle fon égal N O, O B, ce qu'il reftoit à démontrer.

XIV. PROPOSITION.

S I aux extremitez A & C d'un diametre A C d'une Elipfe A F C, on
mene des touchantes A H, C G : Je dis que toutes les lignes comme H G qui toucheront le Lipfe hors des poins A & C coupperont
de ces 2 lignes A H, C G des parties comme A H, C G qui contiendront toutes des rectangles égaux entr'eux. Soit la ligne H D qui touchant l'Elipfe au point F rencontre le diametre A C au point D. Ayant
mené du point F l'ordonnée F B au diametre A C cette ordonnée
fera paralelle aux touchantes A H, C G par la 1re. prop. par le centre
L on fera paffer le diametre L O conjugué au diametre A C & par
confequent paralelle à l'ordonnée F B. Il a efté démontré dans la 5
prop. que comme L D à L C ainfi L C à L B, & en compofant L D
& L C ou fon égale A L jointes enfemble feront à L D : comme L C
& L B jointes enfemble feront à L C ; donc A D à L D comme L C
& L B jointes enfemble à L C, & en changeant A D à L C & L B
jointes, ou à leur égale A B ; comme L D à L C & par converf. de

raifon A D fera à B D : comme L D à C D , & à caufe des paralelles
A H, L O, B F, C G qui rencontrant toutes la ligne H D compofent
des triangles femblables, A H fera à B F comme L O à C G & le rectangle fous les extrémes A H, C G fera égal au rectangle fous les
moyennes L O, B F.

Du point touchant F ayant mené l'ordonnée F M au diametre L N
conjugué à A C, l'ordonnée F M fera paralelle à A C par la premiere
prop. & L M & B F eftant auffi paralelles L M & B F feront égales :
Mais par la 5 prop. puifque la ligne O F eft touchante, & qu'elle
rencontre le diametre L N au point O ; le rectangle fous L O , L M
ou fon égale B F fera égal au quarré de L N : donc le quarré de L N
fera égal au rectangle fous A H, C G. On démontrera de mefme
façon que tous les autres rectangles compris fous les parties des lignes
A H, C G faites par des touchantes feront tous égaux au quarré de
L N, & par confequent feront tous égaux entr'eux. Mais fi la touchante H G eftoit paralelle à A C pour lors elle toucheroit l'Elipfe
au point N extremité du diametre L N conjugué à A C, & les 2 parties
A H, C G feroient égales entr'elles & à la ligne L N, & par confequent leur rectangle qui feroit un quarré feroit auffi égal au quarré de
L N, & pour cette raifon égal aux autres rectangles, ce qu'il falloit
prouver.

XV. PROPOSITION.

SI aux extremitez A & C d'un diametre A C d'une hyperbole C E Fig.
66.
ou des Sections oppof. on mene des touchantes A I, C G : Je dis que
toutes les lignes comme E I qui toucheront l'hyperbole hors du point
C coupperont des deux lignes A I, C G des parties comme A I, C G
qui contiendront toutes des rectangles égaux entr'eux.

Soit la ligne E I qui touchant l'hyperbole C E au point E rencontre
le diametre A C au point B. Du point E ayant mené l'ordonnée E D
au diametre A C & du point B ayant tiré la ligne B F paralelle à E D
on joindra les poins A & E par la ligne A E qui rencontrera B F au
point F. Et l'on décrira l'Elipfe A F G fur le diametre A C & qui paffera par le point F, dont la ligne F B fera ordonnée : Je dis premierement que le quarré d'une ordonnée de l'hyperbole comme ed fera au
quarré de quelque ordonnée de l'Elipfe comme bf, comme le rectangle fous A d, d C au rectangle fous A b, b C : car le quarré de
B F eft au quarré de D E comme le rectangle fous A B, B C au rectan-

gle fous A D, D C puifque par la premiere prop. E B touchant l'hyperbole en E & rencontrant le diametre en B auquel E D eft ordonnée
A B fera à A D comme B C à C D, & comme A B à A D ainfi B F à
D E : mais le quarré de B F eft au quarré de D E en la raifon doublée
de B F à D E ou de A B à A D & de B C à C D qui eft celle du rectangle A B, B C au rectangle A D, D C : le quarré de B F eft donc
au quarré de D E comme le rectangle A B, B C au rectangle A D,
D C, mais par la 13 prop. le quarré de E D eft au quarré de *e d* comme
le rect. fous A D, D C au rect. fous A *d*, *d* C & en raifon égale le
quarré de B F fera au quarré de *d e* comme le rectangle A B, B C au
rectangle A *d*, *d* C ; ou bien le quarré de *d e* fera au quarré de B F
comme le rectangle fous A *d*, *d* C au rect. fous A B, B C. Et comme
le quarré de B F eft au quarré de *bf* par la mefme 13 prop. ainfi le rect.
fous A B, B C fera au rect. fous A *b*, *b* C donc auffi en raifon égale
le quarré de *d e* fera au quarré de *bf* comme le rectangle fous A *d*,
d C au rectangle fous A *b*, *b* C.

Maintenant fi l'on mene donc quelque ligne I E qui touche l'hyperbole au point E & qui rencontre le diametre A C au point B & du point
B ayant tiré la ligne B F ordonnée dans l'Elipfe A F C au diametre
commun A C elle fera paralelle à D E. Et le rectangle fous B A, B C
eftant au rectangle fous D A, D C en la raifon compofée de B A à D A,
& de B C à D C ; & B A eftant à D A comme B C à D C ; le rectangle fous B A, B C fera au rectangle fous D A, D C en la raifon doublée de D A à B A : Mais le rectangle fous B A, B C eftant au rectangle fous D A, D C comme le quarré de B F au quarré de D E & le
quarré de B F eftant au quarré de D E en la raifon doublée de la ligne
B F à D E : B F fera donc à D E comme A B à A D, ou comme C B
à C D : la ligne E A menée du point touchant E à l'extremité A du
diametre A C paffera donc au point F. Et fi l'on mene la ligne H F
qui touche l'Elipfe au point F elle rencontrera le diametre A C au
point D par la 1ʳᵉ. prop. puifque les poins D, C, B, A couppent la
ligne A D en 3 parties harmoniquement. Mais à caufe des paralelles
I H, B F, C G, D E ; E F fera à E A comme D B à D A ; & D B eft
à D A comme B F à A H ; & E F eft à E A comme F B à A I ; donc
A H & A I feront égales. Et puifque D E & B F font paralelles, &
les lignes E B, D F s'entrecouppent au point G : E G fera à G B, ou
bien D G fera à G F comme D E eft à B F : Mais il vient d'eftre démontré que comme D E à B F ainfi D C à B C : donc D G fera à G F

comme D C à C B , & par conſequent la ligne menée du point G au
point C ſera paralelle à B F & à l H : donc la ligne E l qui touche
l'hyperbole en E couppera des 2 lignes A I, C G menées des extremitez A & C du diametre & paralelles aux ordonrées les deux lignes
A I, C G égales aux deux lignes A H, C G couppées de ces meſmes
paralelles par la ligne H G qui touche l'Elipſe au point F, & ainſi de
toutes les autres lignes qui toucheront l hyperbole : Mais dans l'Elipſe
les reçtangles de toutes les lignes comme A H, C G couppées des
paralelles touchantes A H, C G par la touchante H F G ſont tous
égaux entr'eux par la precedente propoſition. Auſſi toutes les lignes
qui toucheront l'hyperbole C E coupperont de çes deux meſmes lignes
paralelles aux extremitez du diametre des parties qui contiendront des
reçtangles égaux entr'eux , ce qui eſtoit propoſé.

XVI. PROPOSITION.

TRouver un diametre dans les trois Sections & le centre dans
l'Elipſe & dans l'hyperbole.

Ayant mené dans la Section deux paralelles qui la rencontrent en
deux poins : la ligne qui diviſera en deux également ces deux paralelles
ſera diametre de la Section , ce qui eſt évident par la premiere prop.
car cette ligne diviſera auſſi en deux également toutes les autres lignes
paralelles à celles-cy.

Et ſi l'on trouve deux diametres differens dans l'Elipſe & dans l'hyperbole ils s'entrecoupperont en un point qui ſera le centre, ainſi qu'il
a eſté démontré dans la premiere prop. mais dans la Parabole tous les
diametres ſont paralelles, & il n'y a point de centre.

Definitions.

L'Axe d'une Parabole eſt le diametre dont ſes ordonnées luy ſont
perpendiculaires.

Les Axes d'une Elipſe ou d'une hyperbole ou des Sections oppoſées
ſont les diametres conjuguez qui s'entrecouppent à angles drois.

XVII. PROPOSITION.

TRouver l'Axe d'une Parabole & de montrer qu'il n'y en a *Fig.*
qu'un.　　　　　　　　　　　　　　　　　　　　　　**67.**

Dans la parabole F G E ayant trouvé le diametre A B par la 10
prop. ſi l'on mene les lignes D C, F E perpendiculaires à A B elles

feront paralelles entr'elles, & la ligne G H qui les couppera en deux
également fera diametre de ces ordonnées paralelles : mais ce diametre
G H eftant paralelle au diametre A B il fera auffi perpendiculaire à fes
ordonnées , & par confequent il fera l'Axe.

Mais s'il eftoit poffible que quelqu'autre diametre A B fut auffi Axe
fes ordonnées luy feroient perpendiculaires , & elles le feroient auffi
à l'autre Axe G H puifque ces Axes eftant diametres font paralelles,
mais l'Axe G H couppe en deux également fes ordonnées qui doivent
eftre femblablement couppées en deux également par l'Axe A B, ce
qui eft abfurd : car les ordonnées D C, F E qui font communes à ces
deux Axes feroient couppées en deux également en deux poins differens. Il n'y aura donc qu'un Axe dans cette Section.

XVIII. PROPOSITION.

Trouver les Axes dans l'Elipfe & dans l'hyperbole & démontrer qu'il n'y en a que deux qui font conjuguez l'une à l'autre.

Puifque tous les diametres dans ces Sections font inégaux hormis
les correfpondans , car s'ils eftoient égaux les Sections feroient des
cercles eftant la feule figure qui admet les diametres égaux ; le cercle
qui aura donc le centre commun avec le centre de ces Sections, & qui
aura pour diametre un des moyens B A C rencontrera les Sections au
point D hors des deux extrémitez du diametre B C, & ce point D fera
fon paffage des petits aux grans ou des grans aux petits : car ce cercle
couppe les plus grans diametres que le fien dans l'Elipfe & hors l'hyperbole , & les plus petits hors de l'Elipfe & dans l'hyperbole , & tous
les diametres tant grans que petits font couppez par le demy cercle
B D C. Le point D fera donc commun au cercle & aux Sections. Et
apres avoir mené la ligne B D, fi on la couppe en deux également au
point H le diametre L H A M qui paffe par ce point H fera un Axe &
fon conjugué F G qui eft paralelle à B D fera l'autre.

Les deux lignes A B, A D eftant égales puifqu'elles font diametres
du cercle , le triangle A B D fera Ifocelle , & par confequent la ligne
A H qui couppe le cofté B D en deux également au point H fera perpendiculaire à B D, mais cette ligne L H A M paffant par le centre A
eft diametre , & la ligne B D eftant une ordonnée à ce mefme diametre,
le diametre G A F paralelle à cette ordonnée fera conjugué au diametre L M qui s'entrecouppent à angles drois, & qui feront les Axes
de ces Sections.

Mais

Mais maintenant s'il estoit possible qu'il y en eût encore d'autres comme A *l*, la touchante *l n* à son extremité luy seroit perpendiculaire & rencontreroit l'Axe L M au point *n*. De mesme la touchante L N à l'extremité de l'Axe L M luy estant perpendiculaire, & rencontrant l'autre Axe A *l* au point N, par ce qui a esté démontré dans la 9me prop. les deux triangles A L N, A *l n* seront égaux, mais ils sont semblables ayant l'angle A commun & les deux A L N, A *l n* drois, & par conséquent les deux costez A L, A *l* homologues sont égaux. Mais du point *l* ayant mené la perpendiculaire *l* O ou l'ordonnée à l'Axe L M le quarré de A *l* pourra les deux quarez de A O & de *l* O, ce qui est impossible dans l'hyperbole : car A O sera toûjours plus grande que A L ou A *l* son égale. Et dans l'Elipse le rectangle de L O, O M avec le quarré de A O estant égal au quarré de A L ou de A *l* son égale, le rectangle sous L O, O M sera égal au quarré de O *l*, mais les quarrez des ordonnées paralelles à *l* O estant toutes aux rectangles sous les parties qu'elles couppent de l'Axe L M comme le quarré de *l* O au rectangle sous L O, O M par la 13e prop. tous les quarrez des ordonnées paralelles à *l* O seront égaux aux rectangles sous les parties qu'elles couppent de leur Axe, & par conséquent l'Elipse L F M G seroit un cercle & non pas une Elipse contre la position. Il n'y aura donc point dans ces Sections d'autres Axes que L M avec leurs conjuguez F G.

XIX. PROPOSITION.

SI à l'extremité A de l'Axe d'une Parabole on mene une touchante A G : Je dis que si des poins G & H, ou les lignes comme E I, F L qui touchant la parabole rencontrent la touchante A G, on mene des lignes G B, H *b* perpendiculaires à ces mesmes touchantes, elles conviendront toutes en un mesme point B sur l'Axe. *Fig. 70.*

Ayant mené les ordonnées L D, I C à l'axe des poins touchans L & I par la premiere prop. les parties A C, A E & A D, A F seront égales. Mais le quarré de D L est au quarré de C I comme la ligne A D à la ligne A C par la 11me prop. donc aussi le quarré de D L sera au quarré de C I : comme la ligne A F à la ligne A E ; Mais A H est moitié de D L puisque A F est moitié de F D ; de mesme A G est moitié de C I : donc le quarré de A H est au quarré de A G comme la ligne A F est à la ligne A E. Et à cause des triangles rectangles semblables F A H, F H *b*, H A *b* & E A G, E G B, G A B ; F A sera à A H

H

comme A H à A *b*, & E A fera à A G, comme A G à A B : le rectangle donc fous F A, A *b* fera égal au quarré de A H. Auffi le rectangle fous E A, A B fera égal au quarré de A G. Mais le quarré de
A H eft au quarré de A G : comme A F à A E le rectangle donc fous
F A, A *b* fera au rect. fous E A, A B comme la ligne F A à la ligne
E A, leurs hauteurs A B & A *b* feront donc égales, & par confequent
les deux poins B, *b* ne font qu'un mefme point, ce qu'il falloit démontrer.

Le point B eft appellé *foyer de la Parabole.*

XX. Proposition.

Fig.
70.

Les mefmes chofes eftant. Si du point touchant L on mene le dia-
metre L P & la ligne L B au foyer B : Je dis que les deux angles O
L P & F L B faits par la touchante F L O avec les deux lignes L P,
L B font égaux entr'eux.

Puifque B H eft perpendiculaire à F L, & qu'elle couppe en deux
également F L au point H, les coftez H B, H L du triangle H B L
feront égaux aux coftez H B, H F du triangle H B F & l'angle droit
B H L eftant égal à l'angle droit B H F les deux triangles B H L, B H F
feront égaux & femblables, & par confequent l'angle B L H fera
égal à l'angle B F H ; Mais L P diametre eftant paralelle à F D diametre ou axe, l'angle P L O fera égal à l'angle D F H & D F H eft
égal à B L H donc l'angle P L O eft égal à l'angle B L H, ce qu'il
falloit démontrer.

XXI. Proposition.

Fig.
70.

Les mefmes chofes eftant : Je dis que la ligne B L furpaffe la ligne
A D comprife entre l'extremité de l'axe & fon ordonnée L D,
de la grandeur de la ligne A B comprife entre le foyer B & la mefme
extremité A de l'axe.

Puifque B F & B L ont efté démontrées égales dans la precedente
prop. & par la 1ʳᵉ. A D & A F eftant auffi égales, B F ou fon égale B L
furpaffe A D ou fon égale A F de la grandeur de la ligne A B, ce qu'il
falloit prouver.

XXII. Proposition.

Fig.
71.
72.

Si aux extremitez A & C du grand axe A C d'une Elipfe, & de l'axe
terminé d'une hyperbole, ou des Sections oppofées on mene deux

lignes A C, C H perpendiculaires à l'axe : Je dis que, si des poins P &
T, ou les lignes comme L H, F G qui touchant l'Elipse ou l'hyperbole rencontre l'autre axe R V, pour centre, & intervalle T L ou T H
son égale, P F ou P G son égale, on décrit des cercles, ils se rencontreront tous sur l'axe A C aux deux mesmes poins B & D.

Du centre T & intervalle T L soit le cercle X L B D Y H qui rencontre l'axe A C en B & en D. Et du centre P & intervalle P F soit le
cercle F S *b d* G Q qui rencontre l'axe A C aux poins *b* & *d*. Il est évident que A B & A *b* seront égales à C D & à C *d* à cause que la ligne
P R est perpendiculaire à A C laquelle porte les centres des cercles,
& qu'elle la couppe en deux également au point R. Et pareillement
A L, C Y & A X, C H seront égales, & A S, C G, & A F, C Q aussi
égales.

Maintenant le rectangle sous A F, A S ou son égale C G est égal au
rectangle sous A *b*, A *d* ou son égale *b* C ; & le rectangle sous A L,
A X ou son égale C H est égal au rect. sous A B, A D ou son égale
B C, & par la 14 & 15ᵐᵉ prop. le rect. sous A F, C G est égal au rectangle sous A L, C H ; donc le rectangle sous A *b*, *b* C sera égal au
rectangle sous A B. B C ; & puisque les deux poins B, *b* sont sur la
ligne A C dans l'une des parties faites par le centre R, ils ne seront
qu'un mesme point B ; & pareillement les deux poins D, *d* ne seront
aussi qu'un mesme, ce qu'il falloit prouver.

Et les deux poins B & D sont appellez *foyers de l'Elipse & de l'hyperbole.*

XXIII. PROPOSITION.

LEs mesmes choses estant posées : Je dis que si des poins F & G on *Fig.*
mene des lignes aux foyers B & D les angles F B G, F D G qu'elles 71.
feront aux foyers seront droits. 72.

Ce qui est évident puisque la ligne F G est diametre d'un cercle,
dont B & D sont poins de la circonference.

XXIV. PROPOSITION.

LEs mesmes choses estant : Je dis que les triangles F A D, F B G, *Fig.*
D C G sont semblables, & pareillement les trois autres G C B, 71.
G D F, B A F. 72.

Puisque les deux angles F D B, F G B sont à la mesme portion du
cercle F B D G & sont appuiez sur la mesme portion F B ils seront

égaux, & les deux angles F B G, F A D font drois : les deux triangles
I D A, F G B font femblables puifqu'ils ont les angles égaux. Et il a
efté démontré dans la 22ᵉ prop. que le rectangle fous A F, C G eft
égal au rectangle fous A D, C D : donc A F eft à D C comme A D
à C G, & les angles F A D, D C G compris par ces lignes font égaux
puifqu'ils font drois : donc les triangles F A D, D C G font femblables ; les trois triangles font donc femblables F A D, F B G, D C G,
& l'on démontrera de la mefme façon que les trois autres triangles
G C B, G D F, B A F font femblables, ce qu'il falloit prouver.

Lemme.

Fig.
71.
72.
Si d'un triangle F N G on couppe deux des coftez F N, G N en 2
également aux poins M & O & de ces poins pour centre & intervalle
M N, & O N ayant d'écrit les deux cercles F B N I, G D N I : Je dis
qu'ils s'entrecoupperont au point I fur l'autre cofté F G du triangle
F N G, prolongé s'il eft befoin. Et de plus que la ligne N I menée du
point N au point I où s'entrecouppent ces deux cercles, eft perpendiculaire au cofté F G.

Si du point N on mene la ligne N I au point I ou le cercle F B N
couppe la ligne F G l'angle F I N fera droit eftant au demy cercle
puifque F N eft diametre. On demontrera de mefme que la ligne N
i menée du point N au point i ou le cercle G D N couppe la ligne G F
fera un angle droit G i N : les 2 lignes N I, N i font donc toutes deux
perpendiculaires à la ligne F G & elles viennent d'un mefme point N
elles ne font donc qu'une mefme ligne, & les deux poins i, I ne font
qu'un mefme point. Et N I eft perpendiculaire à F G, ce qui eftoit
propofé.

XXV. Proposition.

Fig.
71.
72.
LEs mefmes chofes eftant pofées : Je dis que fi du point N ou les
lignes F D, G B s'entrecouppent on mene une ligne N I au point
d'attouchement I de la ligne F G cette ligne N I fera perpendiculaire
à la touchante F G.

Ayant couppé en deux également les deux lignes N F, N G aux
poins M & O & de ces poins M & O pour centre & intervalle M N
& O N ayant d'écrit les deux cercles F B N I, G D N I : Je dis premierement qu'ils pafferont par les foyers B & D ce qui eft évident,
puifque les triangles F B N, G D N ont les angles F B N, G D N drois

& les coſtez F N, G N qui ſoutiennent ces angles drois ſont les diametres de ces deux cercles. Et par le Lemme precedent les deux cercles
paſſeront auſſi par quelque point *i* de la ligne F G en ſorte que la ligne
N *i* ſera perpendiculaire à la ligne F G. Les deux triangles G N *i*,
G B F ayant les angles *i* G N, B G F égaux, & les deux angles G *i* N,
G B F drois, ſeront ſemblables : Mais le triangle G C D eſt ſemblable
au triangle G B F : donc les deux triangles G *i* N, G C D ſeront ſemblables. De meſme les deux triangles F *i* N, F A B ſont ſemblables, &
les deux triangles auſſi F B N, N G D ſeront ſemblables : car ils ont
les angles au point N égaux & les angles aux poins D & B drois : donc
G D ſera à G N, comme F B à F N : Mais comme G D eſt à G N,
ainſi G C eſt à G *i*; & comme F B eſt à F N ainſi F A à F *i* : donc F A
eſt à F *i* comme G C à G *i*. Mais par la prémiere prop. les 3 lignes
A F, G C, F G Z touchant toutes trois la Section ou les Sections oppoſées aux poins A, C, I, & A C Z joignant les attouchemens la ligne
F Z ſera couppée aux quatre poins F, I, G, Z en trois parties harmoniquement, & F A & G C eſtant paralelles F Z ſera à G Z comme F A
à G C, & comme F Z à G Z; ainſi F I à G I : donc F A à G C comme F I à G I, & par conſequent F I ſera à G I comme F *i* à G *i* : les
deux poins donc I & *i* ne ſeront qu'un meſme point, & la ligne N I
menée du point N au point d'attouchement I ſera perpendiculaire à
F G.

Mais dans l'E'ipſe ſi la touchante F G eſtoit paralelle à l'axe A C,
pour lors le point I la coupperoit en 2 également & le point N ſe
rencontreroit ſur l'axe à cauſe que F A & G C ſeroient égales & le
reſte s'enſuivroit comme cy-devant.

XXVI. PROPOSITION.

Fig.
71.
72.
LE s meſmes choſes eſtant poſées : Je dis que ſi des foyers B & D
on mene deux lignes droites B I, D I à quelque point I de la Section; ces deux lignes feront deux angles B I F, D I G avec la touchante au meſme point I, qui ſeront égaux.

Puiſque les deux angles F I B, F N B ſont en la meſme portion de
cercle I N & appuiez ſur la meſme portion B F, ils ſeront égaux, &
par la meſme raiſon les deux angles G I D, G N D ſeront auſſi égaux :
Mais G N D, F N B ſont égaux : donc G I D, F I B ſont égaux, ce
qu'il falloit prouver.

H iij

XXVII. PROPOSITION.

Fig.
73.
74. SI de l'un des foyers D on mene une ligne D X perpendiculaire à une touchante G F : les lignes X A, X C menées du point X aux extremitez de l'axe A C feront un angle droit au point X.

Ayant couppé G D en deux également au point O & du centre O & intervalle O D ayant d'écrit le cercle D C G X. De mefme F D eftant couppée en deux également au point M, & du point M pour centre & intervalle M D ayant d'écrit le cercle F A D X ; Il fera évident que ces deux cercles s'entrecoupperont au point X fur la ligne F G par le Lemme precedent la 15ᵉ prop. à caufe du triangle F G D. Mais au triangle F A D l'angle F A D eftant droit & le cofté F D oppofé à l'angle droit eftant diametre du cercle, ce cercle paffera par le point A. Par la mefme raifon le cercle G C D paffera par le point C, & les angles F X A, F D A eftant au mefme cercle F X D A & appuiez fur mefme portion de la circonference F A feront égaux, & par la mefme raifon les deux angles D G C, D X C font auffi égaux : Mais par la 14ᵉ prop. les angles F D A, D G C font égaux ; les angles F X A, D X C feront donc auffi égaux. Et fi de l'angle droit F X D depofition, on ofte l'angle F X A, & qu'on ajoûte au reftant l'angle D X C pour l'Elipfe, mais au contraire pour l'hyperbole, l'angle A X C fera auffi droit, ce qui eftoit propofé.

Corrolaire.

Il eft manifefte que le cercle A X C qui a pour centre le point R centre de la Section & pour diametre l'axe A C paffera par le point X ; puifqu'au triangle A X C l'angle A X C eft droit, & le cofté A C qui foûtient cét angle droit eft diametre du cercle.

XXVIII. PROPOSITION.

Fig.
75.
76. SI du point R centre de la Section on mene une ligne R X qui rencontre une touchante F X, & qui foit paralelle à la ligne B I menée de l'un des foyers B au point d'attouchement I : cette ligne B X fera égale à la moitié de l'axe R A.

Les deux lignes B I, R X eftant paralelles, les angles F I B, F X R feront égaux, & par la 26ᵉ prop. l'angle D I X eft égal à l'angle F I B; donc les angles I X V & V I X font égaux, & le triangle I V X eft Ifocelle : mais la ligne B D eft couppée en deux également au point R

qui eſt le centre, & R V eſt paralelle à B I, donc I D eſt couppée en
deux également au point V, & V I & V D ſont égales ; mais auſſi V I
& V X ſont égales à cauſe du triangle Iſocelle I V X, donc le triangle
X V D eſt auſſi Iſocelle, & par conſequent les angles V D X, V X D
ſont égaux, & V X I, V I X ſont auſſi égaux, de plus ils ſont tous
quatre égaux à deux drois, compoſans les trois angles du triangle
I X D, dont la moitié de ces deux drois qui ſont les deux angles V X I,
V X D feront un droit ; la ligne D X ſera donc perpendiculaire à la
touchante F X, & par le Corrolaire precedent la ligne R X ſera demy
diametre du cercle A X C, & par conſequent égale à la ligne R A
moitié de l'axe, ce qui eſtoit propoſé.

XXIX. PROPOSITION.

SI de quelque point I de l'Eliſpe on mene deux lignes I B, I D aux *Fig.*
deux foyers : ces deux lignes jointes enſemble feront égales à l'axe 75.
A C.

Du centre R ayant mené les deux lignes R X, R T paralelles aux
deux lignes I B, I D par la precedente prop. les deux lignes R T, R X
ſont égales à l'axe A C. Et puiſque R T & R X ſont paralelles à I D
& I B, le quadrilatere I Q R V ſera peralellogramme & les lignes
I V, R Q feront égales, & I Q, R V le feront auſſi, & il a eſté démontré dans la precedente prop. que V X & V D ſont égales & pareillement Q T & Q B ſont égales : donc les compoſées, I Q Q B, I V
V D feront égales aux compoſées R Q Q T, R V V X, & par conſé-
quent les deux lignes I B, I D feront égales à l'axe A C, ce qu'il falloit
prouver.

XXX. PROPOSITION.

SI de quelque point I de l'hyperbole on mene deux lignes I B, I D *Fig.*
aux deux foyers : la plus grande I B ſurpaſſera la plus petite I D de 76.
la grandeur de l'axe A C.

Du centre R ayant mené les deux lignes R X, R T paralelles aux
deux lignes I B, I D ; par la 28e prop. les deux lignes R T, R X ſont
égales à l'axe A C. Et puiſque R T & R X ſont paralelles à I D &
à I B le quadrilatere I Q R V ſera peralellogramme, & les lignes I V,
R Q ſont égales, & I Q, R V le ſont auſſi. Et il a eſté démontré
dans la 28e prop. que les 3 lignes V I, V X, V D ſont égales, & Q T,
Q B, Q I ſont auſſi égales. Si l'on oſte des lignes I Q, Q B les lignes

I V, V D qui font égales à la ligne I D, & des lignes Q T, R V les lignes Q R, V X égales à I V, V D il reftera les deux lignes R T, R X qui font égales à l'axe A C & à l'exés de B I fur I D : donc I B furpaffe I D de la grandeur de l'axe A C, ce qu'il falloit prouver.

Sections des fuperficies Coniques qui ont pour bafes des Paraboles, des Elipfes, & des Hyperboles.

IL faut entendre que les fuperficies Coniques qui ont pour bafes des paraboles, des Elipfes, & des hyperboles, font conftruites de la mefme façon que celles qui ont pour bafes des cercles. Et puifque tout ce qui a efté démontré à l'égard du cercle dans les Lemmes qui ont précedé la premiere propofition, y a efté démontré à l'égard de la Parabole, de l'Elipfe, & de l'Hyperbole, on viendra facilement par ce mefme moyen à la démonftration de toutes les Sections des fuperficies qui les ont pour bafes.

D'abord on doit obferver que fi les plans qui paffant par le fommet, & qui font paralelles aux plans couppans, rencontrent le plan de la bafe, en forte que la ligne qui eft la commune Section de ce plan couppant & du plan de la bafe touche la Parabole, l'Elipfe, l'Hyperbole ou l'une des Sections oppofées qui eft la bafe : la Section faite fur le plan couppant fera une parabole. Et fi cette ligne commune Section des deux plans du couppant & de la bafe couppe la Parabole, l'Elipfe, l'Hyperbole ou l'une des Sections oppofées qui eft la bafe, la Section fur le plan couppant fera une hyperbole; & fi elle ne les rencontre point, la Section fera une Elipfe ou un cercle. On doit concevoir la Parabole & l'Hyperbole prolongées à l'infiny, & comme ces lignes n'emferment pas un efpace fur un plan, auffi les fuperficies Coniques qui les ont pour bafes ne comprennent pas un folide avec la bafe, comme celles qui ont pour bafes des Elipfes ou des cercles, & c'eft pour cette raifon que les Sections de ces fuperficies qui devroient eftre des Elipfes ou des cercles n'en font qu'une portion, ce qui arrivera auffi aux Paraboles & aux Hyperboles qui font Sections de ces fuperficies.

Pour la Section d'un plan paralelle au plan de la bafe. Il eft affez évident que ce fera toûjours une figure femblable & femblablement
posée

poſée à celle de la baſe par les raiſons qui ont eſté dites en parlant de cette Section ſur les ſuperficies Coniques qui ont pour baſes des cercles.

Il ſeroit trop long & trop ennuyeux de redire icy tout ce qui a eſté dit dans la premiere propoſition, puiſque ſans rien changer on pourra ſe ſervir des démonſtrations pour ces ſuperficies, en obſervant ce qui vient d'eſtre dit cy-devant.

Sections des ſuperficies Cylindriques qui ont pour baſes des cercles.

Definitions.

SI une ligne droite prolongée à l'infiny rencontre la circonference d'un cercle, & n'eſt pas ſur le plan du cercle, cette ligne en parcourrant toute la circonference du cercle, & eſtant toûjours paralelle à celle qui luy eſtoit paralelle avant ſon mouvement, décrira une ſuperficie qui ſera appellée *Cylindrique.*

Et le cercle en ſera la baſe.

Il n'y a perſonne pour peu qu'il ſoit verſé dans la Geometrie qui ne faſſe fort aiſément la démonſtration de la Section de cette ſuperficie lorſqu'elle eſt couppée par un plan paralelle à la baſe; puiſque tous les plans qui paſſeront par les lignes que l'on menera ſur la baſe & par les paralelles qui ont formé la ſuperficie Cylindrique feront tous avec le plan couppant des Sections qui ſeront des lignes égales & paralelles à celles qui ont eſté menées ſur la baſe. Et par conſequent cette Section ſera un cercle égal à celuy de la baſe.

Si un plan touche une ſuperficie Cylindrique, il ne la touchera qu'en une ligne droite.

Fig. 77.

Soit le plan touchant A *a b* B, & la ſuperficie Cylindrique ſoit couppée par un plan paralelle à la baſe, dont la Section ſera un cercle B E. Puiſque le plan A *a b* B touche la ſuperficie il ne pourra pas coupper le cercle qui eſt la Section faite ſur le plan paralelle à la baſe, il ne le rencontrera donc qu'en un point B auſſi bien que le cercle qui en eſt la baſe au point *b*, & par conſequent il ne rencontrera la ſuperficie qu'en la ligne droite *b* B menée par ces deux poins, & qui ſera une de celles qui l'ont formée. Car s'il eſtoit poſſible que cette ligne B *b* ne

I

fut pas une de celles qui ont formé la superficie, & que ce fut la ligne
b E le plan mené par la ligne *b* E & par *o* O qui passe par les centres
des cercles & qui est paralelle à *b* E, donneroit sur la base & sur le plan
qui luy est paralelle, les deux lignes *o b* & O E paralelles entr'elles:
Mais puisque le plan touchant *a* A B *b* couppe ces deux plans paralelles aux lignes *a b*, A B elles sont paralelles entr'elles & elles touchent les deux cercles aux poins *b* & B & les lignes *o b*, O B menées
des centres à ces touchantes aux poins touchans *b* & B seront perpendiculaires à ces touchantes, & par conséquent paralelles entr'elles, &
puisque O B est paralelle à *o b* & O E est paralelle aussi à *o b*, O B &
O E seront paralelles, ce qui est absurd ; donc la ligne B *b* est une de
celles qui forme la superficie, & qui estant droite par sa position sera
commune avec le plan touchant.

Mais si cette superficie est couppée par une autre plan G H F qui
couppe aussi le plan touchant en la ligne G F, & que cette ligne G F
rencontre la ligne *b* B où le plan touchant touche la superficie, en G:
cette ligne G F touchera la Section H G faite sur le plan couppant au
point G, ce qui est évident, puisque la ligne F G est sur le plan touchant A *a b* B, & qu'elle rencontre seulement la superficie au point G
où elle couppe la ligne *b* B.

Fig.
78. Si un plan I D B L couppant une superficie Cylindrique I D B *i d b*
couppe aussi les paralelles qui forment la superficie : la Section faite
sur le plan couppant sera la mesme que la seconde Section de la superficie Conique qui a pour base un cercle qui est une Elipse.

De quelque point *a* sur le plan de la base & hors du cercle ayant
mené les lignes *a b*, *a d*, *a h*, *a g*, *a i*, dont *a b*, *a d* touchent le cercle,
& les autres le couppent, desquelles *a g* passe par le centre *o*. Si par
ces lignes on mene des plans qui passent aussi par les paralelles qui
forment la superficie, tous ces plans auront pour commune Section la
ligne *a* A paralelle aux paralelles qui forment la superficie par le 18.^e
Lem. & ayant mené *b d* qui joint les attouchemens des touchantes *a b*,
a d, & par la ligne *b d* ayant aussi mené un plan qui passe par les paralelles qui forment la superficie ; tous ces plans coupperont le plan
couppant aux lignes A B, A D qui toucheront la Section aux poins B
& D : aux lignes A H, A G, A I qui la coupperont, & en la ligne B D
qui joindra les attouchemens.

Par le 9.e Lem. les lignes *a h*, *a g*, *a i* sont couppées en trois parties
harmoniquement aux poins *h, p, e, a* : *g, q, f, a* : *i, n, m, a* & ainsi des

autres , par la circonference du cercle , par le point *a*, & par la ligne
b d qui joint les attouchemens des touchantes menées du point *a*. Et
puifque les plans menés par ces lignes forment par leurs Sections des
lignes toutes paralelles entr'elles & à celles qui forment la fuperficie ;
par le Scholie du 5ᵉ Lem. les lignes A H, A G, A I fur le plan couppant feront auffi couppées en trois parties harmoniquement aux poins
H, P, E, A ; G, Q, F, A : I, M, M, A : & ainfi des autres , par la Section fur le plan couppant par la ligne B D qui joint les attouchemens
des touchantes menées du point A & par le point A.

Et puifque la ligne *a g* paffe par le centre du cercle *o* elle couppera
au point *q* en deux également la ligne *b d* qui joint les attouchemens ,
par ce qui a efté dit au 8ᵉ Lemme , & elle couppera auffi en deux également toutes les autres paralelles à *b d* comme *h i*, *e m*, en *r* & en *f*
menées dans le cercle, puifque *a g* eft diametre du cercle & qu'elle les
couppe à angles drois. Mais auffi puifque les lignes *e m*, *b d*, *h i* font
paralelles entr'elles, les plans qui pafferont par ces lignes & par celles
qui forment la fuperficie feront paralelles entr'eux, & les lignes H I,
B D, E M qui font les Sections de ces plans paralelles , & du plan
couppant font auffi paralelles entr'elles : Mais les Sections du plan A
a g G , & de ces plans font auffi des lignes paralelles entr'elles & à
celles qui forment la fuperficie : donc fur le plan H *h i* I la ligne *r* R
eftant paralelle à *h* H & couppant en deux également la ligne *h i* elle
couppera auffi en deux également la ligne H I au point R ; de mefme
B D & E M feront couppées en deux également aux poins Q & S, &
les poins de divifion R, Q, S de ces paralelles font dans la ligne G A
formée par la ligne *g a*, & la ligne G F qui eft partie de G A comprife
dans la Section fera diametre dans la Section de toutes les paralelles
à B D qui font ordonnées à ce diametre. Il eft auffi évident qu'elle
paffe par le point O formé par le point *o* centre du cercle qui eft la
bafe. On démontrera de mefme façon que tous les diametres dans
cette Section pafferont par le point O qui fera le centre de la Section,
& qui eft la commune Section de la ligne *o* O qui paffe par le centre
du cercle & qui eft paralelle à celles qui forment la fuperficie, avec le
plan couppant.

Et fi cette Section G I M F n'eftoit pas la Section d'une fuperficie Fig.
Conique. Sur le diametre G F & par le point I foit décrit la Section 79.
G I T F d'une fuperficie Conique , dont I R foit une des ordonnées.
Du point I commun aux deux Sections ayant mené la ligne I A qui

I ij

rencontre le diametre G F au point A & qui couppe les deux Sections,
l'une au point T, l'autre au point M ; si l'on fait que comme A G est à
A F, ainsi soit Q G à Q F, & ayant mené Q N paralelle à l'ordonnée
R I par la premiere prop. des superficies Coniq. la ligne A I sera couppée aux poins A, T, N, I en 3 parties harmoniquement, & par ce qui
vient d'estre démontré cy-devant la mesme ligne A I est aussi couppée
aux poins A, M, N, I en la mesme proportion, donc I A sera à I N
comme T A à T N ou comme M A à M N, ce qui est absurd : donc
la Section G I M F est Section d'une superficie Coniq. appellé *Elipse*,
& qui peut estre aussi un cercle lorsque les diametres conjuguez sont
égaux & à angles drois.

Sections des superficies Cylindriques qui ont pour bases des Paraboles, des Elipses & des Hyperboles.

SI l'on fait une superficie Cylindrique qui ait pour base une Parabole, une Elipse, ou une Hyperbole, de la mesme maniere que l'on
a fait celle qui a pour base un cercle. Et si cette superficie est couppée
par un plan qui couppe les paralelles qui forment la superficie, la Section faite sur le plan couppant sera une ligne de la mesme espece que
celle qui luy sert de base, c'est-à-dire, que si la base de la superficie
est une Parabole, la Section sur le plan couppant sera aussi une Parabole, si c'est une Elipse, la Section sur le plan couppant sera une Elipse, ou un cercle qui est une ligne de mesme espece que l'Elipse; & si
c'est une Hyperbole, la Section sera une Hyperbole.

Il est si facile de faire la démonstration de ces Sections en suivant la
methode qui a esté tenuë pour celles qui ont pour bases des cercles,
qu'il seroit inutile de le repeter icy. On trouvera donc de mesme
qu'en la precedente que le centre de l'Elipse ou de l'Hyperbole qui
sont les bases des superficies donneront sur le plan couppant le centre
de l'Elipse & du cercle, ou de l'Hyperbole qui sera la Section. On
trouvera pareillement que les diametres donneront des diametres ; les
ordonnées, des ordonnées ; les touchantes, des touchantes, & ainsi
du reste.

CONCLVSION.

IL ne me reste plus rien qu'à expliquer la maniere de pouvoir trouver les Parametres des Sections, suivant ce que j'ay démontré dans mes Propositions, & au mesme temps pourquoy les noms de Parabole, d'Elipse & d'Hyperbole leur ont esté donnez.

Dans la Parabole, si l'on fait un rectangle égal au quarré d'une ordonnée à quelque diametre, qui ait pour un de ses costez la partie de ce diametre comprise entre son extremité & l'ordonnée, l'autre costé de ce rectangle sera *le costé droit ou Parametre de la Parabole* pour le diametre, auquel on a mené l'ordonnée, & puisqu'il a esté démontré dans la 11ᵉ prop. que les quarrez des ordonnées sont tous entr'eux comme les parties du diametre comprises entre son extremité & l'ordonnée, il s'ensuivra que tous les rectangles égaux aux quarrez de ces mesmes ordonnées, & qui auront pour un de leurs costez les parties du diametre comprises entre son extremité & les ordonnées auront tous une mesme hauteur qui est *le Parametre*, & cette égalité de comparaison luy a fait donner le nom de *Parabole*.

Dans l'Elipse & dans l'Hyperbole, si l'on fait un rectangle égal au quarré d'une ordonnée à un diametre qui ait pour un de ses costez une des parties de ce diametre, comprise entre l'ordonnée & l'une de ses extremitez, & si l'on fait que comme l'autre partie du diametre comprise entre l'ordonnée & l'autre extremité, à l'autre costé du rectangle égal au quarré de l'ordonnée ; ainsi le diametre à une autre ligne droite, cette ligne sera *le costé droit ou Parametre de l'Elipse & de l'Hyperbole* pour les diametres ausquels on a mené l'ordonnée : mais si l'on applique aux diametres des rectangles défaillans dans l'Elipse, & excedans dans l'Hyperbole d'une figure rectangulaire semblable & semblablement posée à celle qui est contenuë sous le diametre & sous le Parametre (le Parametre estant posé perpendiculairement à l'extremité du diametre) tous ces rectangles seront entr'eux comme les quarrez des ordonnées à ces mesmes diametres, & dont ces ordonnées couppent vers l'une des extremitez du diametre une partie égale aux costez des rectangles qui ne sont pas joins au Parametre. Car il est évident que ces rectangles ainsi appliquez sont entr'eux comme ceux qui sont sous les parties du diametre faites par les mesmes rectangles appliquez, & puisqu'il a esté démontré dans la 13ᵉ prop. que dans ces 2 Sections tous les rectangles sous les parties des diametres comprises

entre fes extremitez & la rencontre des ordonnées font entr'eux comme les quarrez de ces mefmes ordonnées, & puifqu'un rectangle appliqué a efté pofé égal au quarré d'une ordonnée, fuivant la pofition
du Parametre, il s'enfuivra que tous les autres rectangles appliquez
feront égaux aux quarrez des ordonnées.

On a nommé le rectangle compris fous un diametre & fous fon Parametre *figure de l'Elipfe & de l'Hyperbole* : Mais dans l Elipfe à caufe
que tous les rectangles appliquez au diametre deffaillans d'une figure
femblable & femblablement pofée à la figure font égaux aux quarrez
des ordonnées qui couppent du diametre une partie égale au cofté du
rectangle qui n'eft pas joint au Parametre, on luy a donné le nom
d'Elipfe qui veut dire deffaut. Et dans l'Hyperbole à caufe que tous
les rectangles appliquez au diametre excedans d'une figure femblable
& femblablement pofée à la figure font égaux aux quarrez des ordonnées, on luy a donné le nom *d'Hyperbole* qui fignifie excés.

Il s'enfuit auffi que le quarré d'une ordonnée eft à la quatriéme partie de la figure comme le rectangle fous les parties du diametre comprifes entre l'ordonnée & les extremitez de ce mefme diametre, au
quarré de la moitié du diametre.

Fig.   Je puis encore ajoûter icy que le foyer de la Parabole couppe de
70   l'Axe une partie égale à la quatriéme partie du Parametre, ce qui eft
évident, puifque l'angle F H B eft droit, & que F A eft égale à A D,
& A H eft moitié de D L : car le quarré de H A fera égal à la quatriéme partie du quarré de l'ordonnée D L, & le rectangle fous B A, F A
ou D A fon égale eft égal au quarré de H A : mais le rectangle fous
D A & fous le Parametre eft égal au quarré de D L, & le rectangle
fous B A & D A eft égal à fa quatriéme partie : & à caufe de D A hauteur égale pour ces deux rectangles la ligne A B fera la quatriéme partie du Parametre.

Semblablement le foyer de l'Elipfe & de l'Hyperbole couppe l'Axe,
en forte que les parties comprifes entre un des foyers & fes extremitez
contiennent un rectangle égal à la quatriéme partie de la figure, lequel rectangle fe trouve dans l'Elipfe appliqué à l'Axe & deffaillant
d'une figure quarrée, & dans l'Hyperbole il eft auffi appliqué à l'Axe
& excedant d'une figure quarrée. Puifqu'il a efté démontré dans la
13ᵉ propofition que les rectangles fous les lignes comprifes entre les
extremitez d'un diametre & quelque point pris fur ce diametre font
aux quarrez des ordonnées menées de ces mefmes poins, tant dans

l'Elipfe que dans l'Hyperbole comme le rectangle compris fous les
2 demy diametres, ou comme le quarré du demy diametre qui eft la
mefme chofe, au quarré de quelqu'autre ligne, lequel quarré eft égal
à la quatriéme partie de la figure, fuivant ce qui vient d'eftre dit cy-
deffus en parlant de cette figure : mais auffi par les 14 & 15ᵉ prop. ce
mefme quarré eft égal aux rectangles fous les parties des paralelles
aux ordonnées aux extremitez du diametre, lefquelles parties font
faites par des touchantes aux Sections ; donc tous ces rectangles ainfi
faits feront égaux à la quatriéme partie de la figure. C'eft pourquoy
le rectangle fous C G & A F ou C Q fon égale fera égal au quarré de
la quatriéme partie de la figure : mais ce rectangle eft auffi égal au rectangle fous D C, D A ou C B fon égale : donc le rectangle fous D C,
D A fera égal à la quatriéme partie de la figure : Mais ce rectangle
eft appliqué à l'Axe C A deffaillant dans l'Elipfe, & excedant dans
l'Hyperbole d'une figure quarrée, ce qui eftoit propofé.

Fig.
71.
72.

FIN.

AU RELIEUR.

L Es *dix premieres Planches où font les Figures doivent eftre reliées
au commencement du Livre, en forte qu'elles fe puiffent plier dans
le Livre, & qu'elles fe puiffent déplier & fervir pour tous les endrois du
Livre où on en aura befoin, & que le quart de papier blanc où il n'y a
rien foit enfermé dans le Livre. Et pour les treize dernieres elles doivent
eftre reliées de la mefme maniere à la fin du Livre. On ne les doit plier
qu'en d'eux s'il eft poffible ; car eftant pliées en trois, elles feront trop
d'efpoiffeur.*

CERTIFICAT.

J'AY lû par l'ordre de Monsieur le Lieutenant de Police l'Ecrit intitulé *Nouvelle Methode en Geometrie pour toutes les Sections des Superficies Coniques & Cylindriques*, & je n'y ay rien trouvé qui me semble devoir empescher qu'on ne l'imprime. Fait à Paris le 24e jour de May 1673. GALLOIS.

Permis d'imprimer. Fait ce 28. de May. 1673.

DE LA REYNIE.

Achevé d'imprimer pour la premiere fois le 10. Juillet 1673.

De l'Imprimerie D'ANTOINE CELLIER, demeurant ruë de la Harpe, à l'Imprimerie des Roziers.

LES PLANI-CONIQUES

DE PH. DE LA HIRE.

Lusieurs personnes intelligentes dans la Geometrie n'estant pas accoûtumées à concevoir des solides par de simples lignes tracées sur un plan, auront de la peine à entendre la premiere proposition de la methode des Sections Coniques que je fis imprimer l'année passée. C'est ce qui m'a obligé à chercher cette maniere generale de description de trois differentes lignes courbes qui sont les mesmes Sections, & à démontrer ce qui y est contenu, sans qu'il soit besoin d'imaginer aucun solide ny plan que celuy sur lequel est la figure ; en sorte que l'on peut mettre ces Plani-coniques à la place de cette premiere proposition pour passer au reste. Et auparavant ces demonstrations planes, je feray voir que ces lignes courbes sont les Sections d'un Cone, & ce sera d'une maniere si simple que je ne fais point de doute que les moins versez dans la Geometrie ne puissent l'entendre fort aisément; & par ce moyen je croy satisfaire à tout ce qui se peut souhaiter sur ce sujet, & ce qui n'a point encore esté fait par aucun autre de ceux qui ont traité les Sections Coniques par des lignes décrites sur un plan comme j'ay fait icy, ce qu'ils ne pouvoient pas faire par leurs methodes, d'autant que leurs descriptions sont fondées sur les principales proprietez de ces mesmes Sections, desquelles on ne peut avoir la connoissance qu'a-prés toutes les autres, ce qui n'arrive pas icy où elles sont prises dans leur nature mesme sans y considerer aucune pro-priété.

J'ay appliqué cette methode aux figures de mes Coniques

K

par les solides, & comme j'ay besoin des Lemmes que j'y ay démontrez, j'ay cotté les quatre que j'ay mis icy pour les Plani-coniques ensuite des 20 premiers, quoy que les 18, 19 & 20 soient entierement inutiles pour cecy. C'est pourquoy ceux qui voudront apprendre les Coniques par cette methode, doivent sçavoir les 17 Lemmes qui sont contenus dans les 13 premieres pages de ce Livre, avant que de commencer ces Plani-coniques.

On ne trouvera pas dans les figures 32, 33 & suivantes toutes les lignes qui servent à former les courbes ; car il y auroit eu trop de confusion, & on peut les imaginer facilement.

On retranchera la 12ᵉ proposition qui est une hyperbole coupée dans le Cone, & qui n'est qu'un Lemme pour la suivante, puis qu'aussi bien ce qui y est démontré à l'égard de l'hyperbole, l'est auparavant dans le corollaire 1ᵉ de la 7ᵉ proposition.

LES PLANICONIQUES.

Definition.

 Eux lignes droites paralleles entr'elles & un point eſtant ſur un meſme plan, l'une des droites ſoit appellée D i- RECTRICE, l'autre FORMATRICE, & le point POLE.

Generation de points.

S'il y a ſur un plan la directrice B C, la formatrice DE & le pole A hors de la directrice, ayant pris quelque point *h* ſur ce meſme plan, ſi par le pole A on mene la ligne A *h* & par le point *h* quelque ligne droite *h x* qui coupe la directrice en *x* & la formatrice en *z*, ayant tiré A *x* & par le point *z* la ligne *z* L paralelle à A *x* qui coupe A *h* en L ; Je dis que le point L eſt formé par le point *h*. *Fig.* 84. 85. 86.

On voit par cette generation que les points formez comme L ſont toûjours dans les lignes droites menées du pole A aux points comme *h* qui les forment.

De plus, que pluſieurs points formez ne ſe rencontreront pas enſemble ſi ceux qui les forment ſont ſeparez.

De plus encore, que les points de la Directrice ne peuvent former aucun point.

Lemme 21.

La Directrice, la Formatrice, & le Pole A ne changeans point; Je dis que par cette maniere de generation le point *h* ne peut former d'autre point que le point L. *Fig.* 84. 85. 86.

Car ſi par le meſme point *h* on mene *h u y* qui rencontre la directrice en *y* & la formatrice en *u*, ayant tiré A *y* & *u l* parallele à A *y* ; Je dis que les points L & *l* ne ſont qu'un meſme point à cauſe des paralleles A *x*, *z* L ; & *x y*, *z u* : & *y* A, *u l*, on a les triangles *h* A *x*, *h* L *z* ſemblables, & *h x y*, *h z u*, & *h y* A, *h u l* : c'eſt pourquoy comme *h* A eſt à *h* L ainſi *h x* à *h z*, & comme *h x* à *h z* :

ainſi *h y* à *h u*, & comme *h y* à *h u* : ainſi *h* A , à *h l* ; donc *h* A à
h L : comme *h* A à *h l* : *h* L & *h l* ſont donc égales , & les 2 points L
& *l* ne ſont qu'un meſme point.

Corollaire I.

Il eſt évident par cecy que l'on peut choiſir quelque point ſur la directrice comme *x* , & ayant mené par le pole la ligne A *x* elle peut ſervir pour la generation de tous les points que l'on voudra , hormis ſeulement ſi le point qui forme ſe trouve dans elle-meſme, auquel cas on
en peut prendre un autre , ce qui n'importe point ſuivant la demonſtration de ce Lemme . comme ſi l'on veut avoir un point formé par
le point *h* on menera les 2 lignes *x h* & A *h* & par le point *z* ou *x h*
coupe la formatrice D E on menera *z* L parallele à A *x* qui rencontrera d'un coſté ou d'autre la ligne A *h* en L qui ſera le point formé.

Lemme 22.

Fig.
87 La directrice , la formatrice & le pole A ne changeant point , je dis
que par cette maniere de generation de points , tous les points d'une
ligne droite comme *h* , *n* , *m* formeront des points L , N , M qui ſeront ſur une ligne droite.

Par le pole A & par les points *h* , *n* , *m* ſoit tiré les lignes droites
A *h* , A *n* , A *m* , & que l'une d'entr'elles A *h* prolongée s'il le faut
rencontre la directrice en *y* & la formatrice en *u* , ayant mené *y n* &
y m qui coupent D E en O & en G , & ayant encore mené O N , G M ,
paralleles à A *y* on a les points N & M formez par les points *n* & *m*
par le corollaire du 21 Lemme , puis ayant mené du point *h* quelque
ligne *h x* qui coupe B C en *x* & D E en *z* , & ayant joint A *x* &
mené *z* L parallele à A *x* , le point L ſera formé par le point *h* , Je
dis que les points L , N , M ſont en une ligne droite . car à cauſe des
triangles ſemblables , comme *h* A eſt à *h* L , ainſi *h x* à *h z* , & comme *h x* à *h z* ainſi *h y* à *h u* , donc *h* A à *h* L comme *h y* à *h u* , ou
bien *h* A à *h y* comme *h* L à *h u* , & dans le triangle A *n y* puiſque
m n h eſt poſée ligne droite , & O N parallele à A *y* , comme *h* A
à *h y* , ainſi P N à P O , ou bien *h* L à *h u* comme P N à P O .
Semblablement au triangle A *m y* , G M eſtant parallele à A *y* , Q M
ſera au triangle à Q G comme *h* L à *h u* , & puiſque les points *u* , O , G
ſont ſur la ligne droite D E qui eſt la formatrice , les points L , N , M
ſeront donc auſſi ſur une ligne droite ce qu'il falloit prouver. Mais
ſi la

fi la ligne droite *b m* eſt parallele à la directrice & paſſe par le pole A
tous ſes points en formeront d'autres qui feront ſur elle-meſme comme la generation le montre.

Or j'appelle la ligne L N M formée par la ligne *b n m*.

Corollaire 1.

Il eſt évident que la ligne L M formée, & *b m* qui la forme ſe
rencontreront en un point D ſur la formatrice D E ou bien elles luy
feront paralleles, & à la directrice auſſi, ou au contraire.

Corollaire 2.

De plus, il eſt évident qu'une ligne courbe ne formera point de ligne droite, ce qui eſt le converſe de ce Lemme.

Corollaire 3.

Il eſt encore évident que la ligne droite qui vient d'un point de la
directrice, comme *x b* formera une ligne droite *z* L parallele à A *x*
qui vient du pole A au point *x* de la directrice, puiſque tous les points
de cette ligne *x b* forment des points qui ſont tous dans des lignes
droites paralleles à A *x* & menées par le point *z* qui ſont toutes jointes enſemble ſur ζ L : & au contraire une ligne *z* L ſera formée par
la ligne *x* ζ *b* menée par le point ζ où ζ L coupe la formatrice, &
par le point *x* où A *x* menée par A & parallele à *z* L coupe la directrice. Par conſequent toutes les lignes qui paſſent par un point de la
directrice comme *x* formeront des lignes paralleles entr'elles, & à la
ligne menée du pole A à ce point *x* ; ou au contraire ſi celles qui
ſont formées ſont paralleles entr'elles, celles qui les forment viendront d'un point de la directrice, pourveu que ces paralleles ne le
ſoient pas auſſi à la directrice ; car en ce cas tant celles qui ſont formées que celles qui forment ſont toutes paralleles à la directrice &
à la formatrice par le Corol. 1. de ce Lemme.

Lemme 23.

Les meſmes choſes eſtant poſées comme cy-devant, je dis que toutes les lignes comme *x* ζ, *v u*, *n b* qui eſtant paralleles entr'elles coupent la directrice B C formeront des lignes qui ſe rencontreront toutes en un point *a*.

Par le Corollaire 3. du 22. Lem. la ligne *x* ζ formera une ligne

L

droite *z a* parallele à A *x* , & *y u* formera *a u* parallele à A *y* ; &
n h formera *a h* parallele à A *n* , donc à caufe des paralleles pofées
& de B C & D E qui font auffi paralleles, les points *z* , *u* , *h* font
pofez comme *x* , *y* , *n* ; & les lignes A *x* , A *y* , A *n* paſſent par le
point A ; les lignes *z a* , *u a* , *h a* qui leurs font paralleles paſſeront
auffi par un point *a* .

Corollaire.

Il eſt évident que la ligne A *a* eſt parallele & égale à la partie de
l'une des paralleles menées d'abord , comprife entre la directrice &
la formatrice.

Lemme 24.

Si il y a fur un plan un cercle *l h n* & une ligne droite C *h* qui
touche le cercle en *h* : Je dis que la ligne droite *c* H formée par
C *h* ne rencontrera qu'en H la ligne courbe L H N formée par le
cercle.

Car s'il eſtoit poffible que la ligne droite *c* H rencontraſt la courbe
L H N en plus d'un point comme en H & en N , il s'enfuivroit
auffi que C *h* qui la forme paſſeroit par les deux points *h* & *n* qui
forment les points de la courbe H & N par le 22 Lemme contre
l'hypothefe qui eſt que C *h* touche le cercle en *h* ; donc *c* H rencontre la courbe feulement en H.

Fig.
32.

Les Sections des superficies Coniques font des lignes courbes formées par un cercle fuivant cette methode.

SOit un Cone *a* D H E M dont la bafe foit le cercle D H E M &
le fommet le point *a* ; qu'il foit coupé par quelque plan D L E :
je dis que la ligne courbe D L E faite fur ce plan coupant par la fuperficie conique , eſt une ligne courbe formée par un cercle , fuivant
la methode cy-devant donnée.

Ayant mené par le fommet du cone *a* un plan *a* B C parallele au
plan coupant D L E & qui coupe le plan de la bafe du cone en la ligne *b c* , & ayant mené de l'un des points H du cercle D H E bafe
du cone quelque ligne droite H X qui coupe D E en *z* , & *b c* en X,

Fig.
89.

ſoit poſé ſur le plan coupant le plan de la baſe du cone D H X *c b* ſur
lequel eſt le cercle D H E M, la ligne D E ʒ ſection du plan coupant avec cette baſe, la ligne *b c*, & la ligne H X, en ſorte que la ligne D E *z* ſoit poſée ſur elle-meſme, & le point *z* de cette ligne ſur
le point *z*. D'où il eſt évident que le cercle D H E M baſe du cone
eſtant poſé ſur le plan coupant en D *h* E *m* ſera poſé à l'égard des points
de la ligne D *z*, comme le cercle D H E M à l'égard des meſmes
points de cette ligne, c'eſt à dire que ſi de quelque point *z* de cette ligne on mene la ligne *z* H, qui rencontre le cercle D E M, en H, du
meſme point *z* ayant mené *z* H ſur le plan coupant, en ſorte que
l'angle D *z h* ſoit égal à l'angle D *z* H, la ligne *z h* rencontrera le
cercle D E *m* en *h* & ſera égale à *z* H. Il eſt encore évident que la
ligne B C *x* ſur le plan coupant eſt autant éloignée de la ligne D E
que *b* X *c* ſur le plan de la baſe l'eſt de la meſme ligne D E & qu'elles
ſont toutes trois paralleles entr'elles. De plus que toutes les lignes menées des points *x* & X ſur le plan coupant & ſur le plan de la baſe, a
un meſme point de la ligne D E ſeront égales entr'elles, & feront angles égaux avec cette ligne D E ou avec ſes paralelles *b c*, & B C, puiſque l'angle D *z* X eſt le meſme que l'angle D *z x* par la poſition.
Enfin ſoit mené ſur le plan coupant la ligne *x* A faiſant l'angle B *x* A
égal à l'angle *b* X *a* ſur le plan par le ſommet parallele au plan coupant ; d'où il eſt évident que *x* A & X *a* ſont paralleles, puis qu'elles
ſont ſur deux plans paralleles, & que *b c* & B C ſont paralleles. Enfin
ſoit fait *x* A égale à X *a*.

Or le point A ſoit le pole, la ligne B C la directrice, & D E la
formatrice : je dis que le cercle D *h* E *m* formera la courbe D L E.
Car ſi du ſommet du cone *a* on mene une ligne droite *a* L par quelque point L de cette courbe juſques à la baſe du cone en H ayant
tiré X H qui coupera D E en quelque point *z*, & ayant mené *z* L,
X *a* & ʒ L ſeront paralleles, puis qu'elles ſont dans le plan du triangle *a* X H, & que *z* L eſt ſur le plan coupant, & X *a* ſur le plan par
le ſommet parallele à ce plan coupant. Maintenant ſi par le point *x*
de la directrice, & par le point *z* de la formatrice on mene la ligne
x z par la preparation cy devant elle rencontrera le cercle D *h* E *m*
en *h*, en ſorte que *x h* ſera égale à X H, & *z h* égale à *z* H : mais
x A & X *a* eſtant paralleles, *x* A & *z* L le ſeront auſſi, donc au
triangle H X *a* comme H X à H *z*, ainſi X *a* à *z* L, & au triangle
h x A comme *h x* à *h z* ainſi *x* A à *z l* : mais *h x* eſt égale à H X

& *h z* égale à H *z*, & *x* A égale X *a*; donc *z l* eſt égale à *z* L &
les deux points *l* & L ne ſont qu'un meſme point. Mais par la generation cy-devant poſée le point *h* a formé le point *l* qui eſt un des
points de la ſection du cone, ce qui eſtoit propoſé.

On doit conſiderer que dans la generation des courbes, ſi la directrice touche le cercle generateur, c'eſt la meſme choſe que ſi le plan
par le ſommet du cone parallele au plan coupant touche le cone, & en
ce cas la ſection ſur le plan coupant a eſté appellée *Parabole.*

Si la directrice ne rencontre point le cercle generateur, ou ſi le plan
par le ſommet paralelle au plan coupant ne rencontre point le cone,
la ſection ſur le plan coupant a eſté appellée *Elipſe*, & cette ſection
peut eſtre un cercle qui a eſté nommé par Apollonius *Section ſoucon-
traire* à cauſe que le triangle qui ayant ſon ſommet commun avec celuy du cone, & pour ſa baſe un des diametres du cercle qui en eſt la
baſe, & qui eſtant perpendiculaire au plan de cette baſe du cone, eſt
coupé perpendiculairement par le plan coupant ſur lequel eſt la ſection,
en ſorte que le triangle reſtant vers le ſommet ſoit ſemblable au triangle total, mais ſoit poſé ſoucontrairement.

Enfin ſi la directrice coupe le cercle generateur, ou ſi le plan par le
ſommet paralelle au plan coupant coupe le cone, la ſection ſur le plan
coupant a eſté appellée *hyperbole*, ou les ſections des deux cones op-
poſez au ſommet qui ſont coupez tous deux, en ce cas par le plan coupant, ſont appellées *hyperboles* ou *ſections oppoſées.*

Voyez aux pages 69 & 70 la raiſon pour laquelle Apollonius don-
na ces noms à ces ſections, car auparavant luy la parabole eſtoit appellée *ſection du cone rectangle*; l'Elipſe, *ſection du cone acutangle*;
& l'hyperbole, *ſection du cone obtuſangle*, conſiderant toûjours le
cone droit, & le plan coupant perpendiculaire à l'un des coſtez du
triangle qui formoit le cone.

Il n'importe pas pour la generation de ces courbes que la formatrice coupe le cercle generateur ou non, ny en quel lieu elle ſoit pla-
cée à l'égard de la directrice & de ce cercle, car cela ne change rien
à la nature de la courbe ny à ſa generation pour les proprietez que
l'on y demontre comme il eſt évident, puiſque ſuivant ſes differentes poſitions, la courbe ſera la ſection du cone au deſſus de la baſe, ou
prolongé au de là de la baſe, ou bien du cone oppoſé au ſommet.

POVR

POUR LA PARABOLE.

Diametres & ordonnées.

SOit la parabole D H E formée par le cercle *l n m*, dont A est *Fig.* le pole, B C la directrice & D E la formatrice : je dis que toutes *32.* les lignes paralleles entr'elles & terminées par 2 extremitez à cette parabole feront coupées en 2 également par une ligne droite, cette ligne droite est ditte *diametre*, & les paralleles font les *ordonnées*.

Dans la parabole D H E que l'on tire la ligne droite L N & autant d'autres que l'on voudra qui luy soient paralleles. Par le pole A & par les points L & N soit tiré les lignes A L, A N qui rencontreront le cercle *m l n* en *l* & en *n*, puisque les points L & N font formez par des points du cercle.

Or la ligne *l n* est parallele à la directrice B C, ou bien elle ne luy est pas parallele. Posons d'abord qu'elle ne le soit pas, *l n* rencontrera donc la directrice en quelque point C, si de ce point C on mene la touchante C *h* au cercle & *h m* qui joint les attouchemens des touchantes au cercle menées du point C, *h m* coupera *l n* en *p*, en sorte que les points C, *l, p, n*, diviseront la ligne C *n* en 3 parties harmoniquement par le 9 Lem. mais par le corol. 3 du 22 Lem. & par la generation des points L & N la ligne L N est parallele à A C l'une des extrémes de celles qui viennent du pole A aux points de division C, *l, p, n*, de la ligne C *n*, L N fera donc coupée en 2 également en P par la ligne A *p* par le 3 ou 6 Lemme on demontrera la mefme chose à l'esgard de toutes les autres paralleles à L N menées dans la parabole.

Mais par le corol. 3 du 22 Lem. toutes les paralleles à L N feront formées par des lignes qui venant du point C coupent le cercle, & puis qu'elles font coupées en 3 parties harmoniquement par le point C, par le cercle, & par la ligne *h m* qui estant droite formera aussi une ligne droite H P par le 22 Lemme qui divisera en 2 également toutes les paralleles à L N menées dans la parabole : puisque les points P de division de chacune font formez par les points *p* qui font fur *h m*.

M

Maintenant fi *l n* eſt parallele à la directrice B C, la ligne L N
& ſes paralleles menées dans la parabole le doivent eſtre auſſi par
le corol. 1. du 22 Lem. & toutes les lignes qui les forment dans le
cercle le ſeront pareillement. Mais toutes les paralleles entr'elles dans
un cercle ſont coupées en 2 également par un de ſes diametres qui
doit paſſer par le point *m* point touchant de la directrice B C qui
eſt l'une des paralleles, & en ce cas *l n* & L N eſtant paralleles &
compriſes par les 2 lignes A L *l*, A N *n*, la ligne A *p* qui diviſe en 2
également *l n* en *p* diviſera auſſi en 2 également L N en P, & ainſi
des autres paralleles à L N.

On connoiſt donc par cecy que de quelque maniere que l'on mene
des paralleles entr'elles dans la parabole qui y ſoient terminées par 2
extremitez elles y ſeront coupées en 2 également par une ligne droite qui en eſt le diametre duquel elles ſont les ordonnées.

Touchantes aux extremitez des Diametres.

Je dis que la paralleles *c* H aux ordonnées à un diametre, & menée par le point H où ce diametre rencontre la parabole la touchera en ce point. Ce qui eſt évident par le 24 Lem. puis qu'elle eſt
formée par la ligne droite C *h* qui touche le cercle en *h* & qui vient
du point C de la directrice ou qui luy eſt parallele.

Tous les diametres paralleles entr'eux.

Je dis de plus que dans la parabole tous les diametres ſont paralleles entr'eux. Ce qui eſt évident, puis qu'ils ſont formez par des
lignes comme *m h*, qui joignent les attouchemens au cercle des lignes menées des points de la directrice B C, ou bien lors qu'elles
luy ſont paralleles ; mais à cauſe que B C en eſt toûjours une, le
point *m* ſera commun à toutes les lignes qui forment les diametres,
& puis qu'il eſt auſſi ſur la directrice, tous les diametres ſont paralleles entr'eux, & à la ligne A *m* par le corol. 3 du 22 Lemme.

Une touchante compriſe entre ſon point touchant & un diametre eſt coupée en deux également par la touchante à l'extremité de ce diametre.

Soit la ligne droite L V qui touchant la parabole en L rencontre

quelque diametre P H prolongée en V , je dis que la touchante *c* H
menée à l'extremité H de ce diametre coupera L V en 2 également
en *c*. Car si du point L on mene l'ordonnée L P au diametre H P,
& que du point A on tire les lignes A L , A H prolongées jusques
au cercle en *l* & en *h* on aura la ligne *m h u* qui a formé le diametre P H V , & si au point *h* on tire *h* C touchante au cercle qui
rencontrera la directrice en C ou qui luy sera paralelle, & si par le
point *l* & par le point C de la directrice où la touchante en *h* la
rencontre on mene la ligne C *l p n*, ou bien si la touchante en *h* luy
est paralelle , soit aussi tirée *l n* paralelle à B C ; enfin si par le pole
A & par le point V on tire la ligne A V indefinie qui rencontre
m h prolongée en *u*, en sorte que *u l* est touchante au cercle en *l* , il
est évident par la generation des touchantes , des ordonnées & des
diametres cy-dessus démontrée , que les lignes V L , V P , L P , &
c H sont formées par les lignes *u l* , *u p* , *l p* , C *h* , & les points des
unes par les points des autres. Mais par les 11 & 9 Lem. la ligne
u m est coupée en 3 parties harmoniquement aux points *u*, *h*, *p*, *m*, &
si par le pole A on mene les lignes A *u*, A *h*, A *p*, A *m* elles couperont V P, qui est paralelle à A *m* par le corol. 3 du 22 Lemme
en 2 parties égales en H par le 3 ou 6 Lemme. Et H *c* estant paralelle à P L, il est évident que V L est aussi coupée en 2 également en *c*.

Il peut arriver que la ligne A V sera paralelle à *m h* : mais pour
lors la ligne *l n* passera par le centre du cercle , & la touchante en *l*
sera paralelle à *m h* , car s'il estoit autrement la touchante en *l* rencontreroit *m h* en *u*, & le point V formé par le point *u* seroit dans
la ligne A *u* contre la position : *l n* en ce cas divisera donc *m h* en
2 parties égales en *p*, & par le 4 ou 6 Lemme la ligne V P sera
toûjours coupée en 2 également en H par la ligne A *h*.

POUR L'ELIPSE.

Diametres & ordonnées.

S'IL y a sur un plan l'Elipse F L H N formée par le cercle *f l h n*
dont A soit le pole , B C la directrice & D E la formatrice : Je
dis que toutes les lignes paralelles entr'elles comme G P , H N , I M, Fig. 33.

&c. menées dans cette Elipſe ſeront coupées en 2 également par une
ligne droite F L qui eſt le *diametre* de ces paralelles qui ſont ſes
ordonnées.

Il eſt évident que ces paralelles ſont formées par des lignes qui
paſſent par un point de la directrice, ou qui luy ſont paralelles par
le corol. 3 du 22 Lemme. Mais premierement qu'elles paſſent par
le point B. Si par le pole A & par les points G, H, I on mene des
lignes prolongées juſques au cercle en *g h i* on aura les lignes B *g*,
B *h*, B *i* qui ont formé les paralelles P G, N H, M I, puis du point
B ayant mené B *f*, B *l* touchantes au cercle, & ayant joint les attouchemens *f l* la ligne B *g* ſera coupée en 3 parties harmoniquement
en *g r p* B par le 9 Lemme, mais puiſque G P eſt paralell à A B par
le corol. 3 du 22 Lemme, la ligne A *r* coupera G P en R en 2 parties égales par le 3 ou 6 Lemme, on demontrera de meſme que H N
& I M ſont coupées en 2 également en O & en T : mais les points
R, O, T ſont formés par les points *r*, *o*, *t* de la ligne droite *f l* donc
R, O, T, ſont ſur une ligne droite F L par le 22 Lemme.

Mais ſi G P, H N & les autres ſont paralelles à la directrice *g p*,
h n, & les autres qui les forment le ſeront auſſi par le corollaire 1^e
du 22 Lemme, & *g p*, *h n* ſeront coupées en 2 également par un
diametre du cercle, donc en ce cas au triangle A *g p*, G P eſt paralelle à *g p*, & A *r* la coupera en R en 2 également puiſque *g p*
l'eſt auſſi en *r* ; ſuppoſant dans la figure *l* B & *f* B touchantes paralelles à B C.

L'on connoit de cecy que les lignes comme *f l* qui joignent les
attouchemens des touchantes menées de tous les points de la directrice & des touchantes paralelles à la directrice forment des diametres
dans l'Elipſe.

Touchantes aux extremitez des Diametres.

Je dis que F *b* paralelle à une ordonnée G P & menée par une
extremité F de ſon diametre F L touchera l'Elipſe ſeulement en F,
ce qui eſt évident par le 24 Lemme, puiſque F *b* eſt formée par la
touchante B *f* au cercle, & qui vient d'un point de la directrice
ou qui luy eſt paralelle.

Centre.

Je dis que tous les diametres paſſeront par un meſme point O
dans

dans l'Elipse , lequel point les divise en 2 également & est appellé centre. Ce qui est évident, puisque par le 15 Lemme toutes les lignes comme *f l* se rencontrent dans le cercle en un point *o*, & que toutes ces lignes forment des diametres dans l'Elipse, & le point O est formé par le point *o*. De plus toutes ces lignes comme *f l* rencontrant la directrice en C seront coupées en 3 parties harmoniquement en C, *l*, *o*, *f*, ou estant parallele à B C elle sera coupée en 2 également en *o* par le 14 Lemme, & les diametres dans l'Elipse comme F L formez par les lignes *f l* sont paralelles à A C menée du pole A au point C qui est un des points extrémes de division de la ligne C *l o f*, donc par le 3 ou 6 Lemme A *o* coupe en 2 'également en O le diametre F L, & ainsi des autres, ou si *f l* est parallele à B C, la mesme chose sera toûjours ; ce qui n'a pas besoin d'explication aprés ce qui a esté dit en parlant des ordonnées.

Diametres conjuguez.

Puisque toutes les lignes qui passent par le point O sont diametres dans l'Elipse, ceux-là sont appellez conjuguez l'une à l'autre, dont les ordonnées de l'un sont paralleles à l'autre, & reciproquement les ordonnées du dernier sont paralleles au premier comme il est aisé à connoistre par leurs generations.

POUR L'HYPERBOLE
ET LES SECTIONS OPPOSE'ES.

Diametres & Ordonnées.

S'Il y a sur un plan l'hyperbole I L M ou les hyperboles oppo- sées I L M, P F G formées par le cercle *f i l* dont A soit le pole, B C la directrice & D E la formatrice. Je dis que si l'on mene autant de lignes droites que l'on voudra comme M I, G P dans l'une ou dans les deux, elles seront toutes coupées en deux également par une ligne droite RT qui est le *diametre* de ces paralleles qui sont ses *ordonnées*.

Il est évident que ces paralleles sont formées par des lignes qui

N

paſſent par un point B de la directrice, ou qui luy ſont paralleles par
le corollaire 3 du 22 Lemme. Mais poſons d'abord qu'elles paſſent
par le point B. Si par le pole A & par les points G & I on mene
des lignes juſques au cercle en *g* & en *i*, on aura les lignes B*g*, B*i*
qui ont formé les paralleles G P, M I. Puis du point B ayant mené
B *f*, B *l* touchantes au cercle, & ayant joint les attouchemens *f l*,
la ligne B *g* ſera coupée en 3 parties harmoniquement aux points
B, *p*, *r*, *g* par le 9 Lemme. Mais puiſque G P eſt parallele à A B
par le corollaire 3 du 22 Lemme la ligne A *r* coupera G P en R en
2 parties égales par le 3 ou 6 Lemme, on démontrera de meſme
que I M ſera auſſi coupée en 2 également en T, & ainſi des autres:
mais les points R & T ſont formez par les points *r* & *t* de la ligne
droite *f l* donc R & T ſont ſur une ligne droite F L.

Mais ſi G P, M I & les autres ſont paralleles à la directrice, *g p*
& *m i* qui les forment le ſeront auſſi par le corollaire 1 du 22 Lemme, & *g p*, *m i* ſeront coupées en 2 également par un diametre du
cercle, donc en ce cas au triangle A *g p*, G P eſt parallele à *g p*, &
A *r* la coupera en R en 2 également puiſque *g p* l'eſt auſſi en *r*, en
ſuppoſant dans la figure que *f* B & *l* B touchantes ſont paralleles
à B C.

On connoit de cecy que toutes les lignes comme *f l* qui joignent
les attouchemens des touchantes menées de tous les points de la directrice, ou des touchantes paralleles à la directrice, forment des
diametres d'une hyperbole, ou des oppoſées.

Je dis de plus, que ſi l'on mene autant de paralleles que l'on voudra comme P I de l'une à l'autre des hyperboles oppoſées, elles ſeront auſſi coupées en 2 également par une ligne droite Q O qui en
ſera le diametre, & elles luy ſeront ordonnées.

Car elles ſeront toutes formées par des lignes droites qui paſſent
par quelque point C de la directrice au dedans du cercle generateur
comme la generation le montre. Si l'on mene donc *n o*, *h o* qui touchant le cercle en *n* & en *h* où la directrice le coupe ſe rencontrent
au point *o*, puis ayant mené *o* C qui coupe le cercle en *f* & en *l*,
& ſi des points *f* & *l* on mene *f* B, *l* B qui touchant le cercle ſe
rencontrent en un point B, ce point B ſera ſur la directrice par le
11 Lemme. Ayant tiré *o* B indeterminée ſi par le pole A, & par le
point *i* on mene A *i* juſques au cercle en *i* on aura la ligne *i* C *q*
qui a formé P I. Mais la ligne *i q* eſt coupée en trois parties har-

moniquement aux points *i*, C, *p* , *q* par le 15 , & 9 Lemmes. Mais
par le corollaire 3 du 22 Lemme P I eſt parallele à A C donc A *q*
coupera P I en Q en 2 parties égales. Par le 6 Lemme on demontrera la meſme choſe à l'égard de toutes les paralleles à P I. Mais
tous les points de diviſion comme Q ſont formez par les points de
la ligne droite *o* B, donc tous ces points ſeront ſur une meſme ligne droite O Q par le 22 Lemme il peut arriver que la ligne *i* C *p*
ſoit parallele à *o* B , & pour lors le point C la coupera en 2 également par le corollaire du 13 Lemme, & en ce cas les lignes *o* B &
i p formeront des lignes qui ſe rencontreront en quelque point Q
par le corollaire du 23 Lemme, en ſorte que A Q ſera parallele à
i p , & par le 6 Lemme I P ſera auſſi coupée en 2 également en Q
par la ligne O Q formée par la ligne *o* B.

Mais ſi les touchantes en *n* , & en *h* ſont paralleles entr'elles, en
ce cas la directrice paſſera par le centre du cercle, & l'on menera
par le point C la ligne *f l* qui leur ſoit parallele ; puis ſi les touchantes en *f* & en *l* rencontrent la directrice en B on tirera auſſi
B *q o* paralleles aux autres , & cela ne changera rien à la demonſtration qui vient d'eſtre faite.

Mais de plus, ſi les touchantes en *n* & en *h* ſe rencontrant en *o*
& la ligne *o* C eſtant tirée, ſi les touchantes en *f* & en *l* ſont paralleles à la directrice on menera par le point *o* la ligne *o q* B auſſi
parallele à la directrice , & le reſte de la demonſtration s'enſuivra
comme auparavant.

Enfin ſi le point C eſtoit le centre du cercle les touchantes en *n*
& en *h* ſeroient paralleles entr'elles & pareillement les touchantes
en *l* & en *f*, c'eſt pourquoy on n'auroit ny le point *o*, ny le point
B : mais le point C diviſant en ce cas toutes les lignes comme *i p*
en 2 également ſi l'on mene A Q parallele à *p i* , puiſque P I eſt
parallele à A C par le corollaire 3 du 22 Lemme, le point Q coupera P I en 2 également par le 6 Lemme, & par la generation de
la ligne P I elle paſſera par le point de la formatrice qui eſt la ſection de *p i* qui la forme, & la partie de *p i* compriſe entre cette ſection & le point eſt parallele & égale Q A. Et ainſi de tous les autres points comme Q ſur les paralleles à P I, mais D E eſtant droite auſſi tous les points Q ſeront ſur une ligne droite.

On connoiſt de cecy que toutes les lignes menées par le point *o*
& qui ne rencontrent pas le cercle forment des diametres des or-

données entre les fections oppofées , ou bien quand la directrice paffe par le centre du cercle , ce feront toutes les lignes perpendiculaires à cette directrice.

Touchantes aux extremitez des Diametres.

Je dis que F *b* parallele aux ordonnées G P a un diametre & menée par fes extremitez F toucheral'hyperbole feulement en F, ce qui est évident par le 24 Lemme.

Centre.

Je dis que tous les diametres pafferont par un mefme point O entre les hyperboles oppofées , & ce point divifera en 2 également ceux qui rencontrent les hyperboles & fera appellé centre. Par la generation des diametres & par le 16 Lemme toutes les lignes qui les forment fe rencontrant au point *o* le point O qu'il formera fera la rencontre de tous les diametres. Mais fi la directrice paffe par le centre du cercle, les lignes qui les forment eftant paralleles entr'elles les diametres qu'elles formeront pafferont par un point par le 23 Lemme , & le diametre qui n'eft formé par aucun point du plan paffera auffi par le point O par le corollaire du 23 Lemme. Maintenant fi F L diametre terminé eft formé par *l o* qui eft coupée en 3 parties harmoniquement en *o*, *f*, C, *l* par le 9 Lemme , & par le corollaire 3 du 22 Lemme F L eftant parallele à A C, par le 6 Lemme *o* A la coupera en O en 2 également ; Et fi la directrice B C paffe par le centre du cercle, *f l* fera coupée en 2 également en C, & A O eftant parallele à *f l*, le point O divifera toûjours F L en 2 également par le 6 Lemme.

Diametres conjuguez.

Puis que toutes les lignes qui paffent par le point O font diametres , ceux-là font dits conjuguez l'un à l'autre dont les ordonnées de l'un font paralleles à l'autre, & reciproquement de plus l'un paffera toûjours dans les fections oppofées , & l'autre entre , ce qui eft évident par leurs generations.

Sections opposées, semblables & égales.

Definition.

Semblables & égales hyperboles font celles, dont les ordonnées à quelque diametre faifant angles égaux chacnn au fien font égales & coupent du diametre vers fon extremité des parties égales.

Le point *o* eftant trouvé fi de quelque point B de la directrice on mene B *m i* puis *m p o* eftant menée. Et par le point *p* B *p g*, & les 2 touchantes B *l*, B *f*. la ligne *l f* paffera en *o*. Or la ligne *l f* forme le diametre L F auquel les lignes M I, P G font ordonnées qui font formées par *m i*, *p g*. Mais par le 9 Lemme *o l* eft coupée en 3 parties harmoniquement en *o*, *f*, C, *l*, & pareillement *o m* en *o*, *p*, *y*, *m*, & par le 5 Lemme *o t* le fera auffi en *o*, *r*, C, *t*. Mais par le 6 Lemme le diametre F L eftant paralle à A C, R T fera coupée en 2 également en O auffi bien que F L, on aura donc R F & L T égales. De plus les lignes *i p*, & *g m* pafferont par le point C par le 9 & 5 Lemme. Mais par le corollaire 3 du 22 Lemme les lignes *i p*, *g m* forment I P, G M paralleles entr'elles, mais I M, G P l'eftant auffi, feront égales & les angles G R F, I T L égaux, ce qu'il falloit démontrer.

A S Y M P T O T E S.

SI les 2 lignes droites *n o*, *h o* qui touchent le cercle en *n* & en *h* où la directrice le coupe forment des lignes D O X, E O Z qu'elles foient appellées *Afymptotes*.

Je dis que les Afymptotes pafferont par le centre des hyperboles. Car fi les touchantes *n o*, *h o* fe rencontrent en *o* ce point forme le centre O, & fi elles font paralleles, elles pafferont auffi par le centre O par le 23 Lemme.

Je dis que fi la ligne S F V touche l'hyperbole en F & rencontre les Afymptotes en S & en V, le point touchant F divifera S V en 2 également. Car cette ligne S V fera formée par la ligne *f u* qui touchant le cercle en *f* & rencontrant la directrice en B fera coupée

O

en 3 parties harmoniquement en B, ſ, f, u par le 17 Lemme. Mais par le corollaire 3 du 22 Lemme S V eſt parallele à A B. Donc A ſ coupera S V en F en 2 également par le 6 Lemme.

Mais ſi u ſ eſt parallele à B C le point f la coupera en 2 également, & S V qui luy ſera parallele par le corollaire 1 du 22 Lemme, ſera auſſi coupée en 2 également en F par la ligne A ſ.

Je dis de plus, que la ligne droite Z X rencontrant les Aſymptotes en Z & en X, & l'hyperbole en P & en G aura les parties Z P, X G compriſes entre l'hyperbole & les Aſymptotes, égales, ou bien Z G, X P. Car Z X eſtant formée par z x qui rencontrant la directrice en B, ſi du point B on mene les touchantes B ſ, B l, & ayant joint l ſ la ligne B x ſera coupée en 3 parties harmoniquement en B, z, r, x par le 17 Lemme, & ſemblablement la ligne B g en B, p, r, g par le 9 Lemme. Mais par le corollaire 3 du 22 Lemme la ligne Z X eſt parallele à A B, donc par le 6 Lemme Z X & P G ſeront coupées en 2 également en R par la ligne A r: Si l'on oſte donc des égales R Z, R X, les égales R P, R G les reſtes P Z, G X ſeront égaux, & ſi à ces reſtes on ajoûte les égales R P, R G on aura P X & G Z égales.

Mais ſi z x eſt parallele à la directrice ayant mené les touchantes au cercle qui luy ſoient auſſi paralleles la ligne ſl qui joindra les attouchemens coupera z x & p g en deux également en r & Z X eſtant pour lors parallele à z x par le corollaire 1 du 22 Lemme A r coupera en R les 2 lignes Z X, P G & le reſte s'enſuivra de meſme.

Je dis enfin que ſi la ligne droite I P rencontre les ſections oppoſées en I & en P, & les Aſymptotes en & & en Æ les parties compriſes entre les hyperboles & les Aſymptotes ſeront égales, à ſçavoir P &, I Æ, & P Æ, I &. Car elle ſera une ordonnée, & ſera formée par i p, & B o eſtant menée comme il a eſté dit en parlant des ordonnées la ligne i p q ſera coupée en 3 parties harmoniquement en i, C, p, q par le 15 Lemme, & la ligne h B l'eſtant auſſi aux points h, C, n, B par le 9 Lemme, la meſme ligne i p le ſera auſſi aux points e, C, &, q par le 5 Lemme. Mais par le corollaire 3 du 22 Lemme, I P eſtant parallele à A C ſera coupée en 2 également en Q, auſſi bien que Æ &, ſi l'on oſte donc des égales Q P, Q I, Q &, les égales Q Æ les reſtes P &, I Æ ſeront égaux, ſemblablement P Æ, & I,

Pour les autres rencontres differentes de la ligne *i p* à l'égard de
B *o* en remarquant ce qui a efté fait pour les ordonnées , la demonftration fera toûjours la mefme comme il eft évident.

Il eft évident par la generation des Afymptotes que l'hyperbole ne les peut rencontrer , car les points *n* & *h* qui en devroient former la rencontre ne forment aucun point eftant fur la directrice , &
c'eft la raifon du nom qu'elles portent.

De plus toutes les lignes paralleles aux Afymptotes ne rencontreront l'hyperbole qu'en un point ; Car par le corollaire 3 du 22
Lemme elles feront formées par des lignes qui pafferont toutes par
les points *n* ou *h.*

POUR LES TROIS COURBES
EN GENERAL.

SI l'on mene deux touchantes N V , L V à l'une des 3 courbes, ou
bien une à chacune des fections oppofées, qui fe rencontrent en un
point V , ayant conjoint les attouchemens N L : Je dis que toutes
les lignes droites comme V P qui venant du point V rencontrent la
courbe en 2 points H , M feront coupées en 3 parties harmoniquement par le point V par la ligne courbe en H & en M , & par celle qui joint les attouchemens en P.

Fig.
58.
59.
40.
41.

En fuivant pour la demonftration , la mefme methode que cy-
vant, il eft aifé à voir que cecy eft évident , puis qu'il eft demontré dans le cercle au 9 Lemme : Car il s'enfuit par confequent que
ce fera la mefme chofe dans les courbes qui font formées par les
points du cercle.

Les mefmes chofes eftant pofées : Je dis que fi cette ligne V P
paffe par le point qui divife en deux également la ligne L N qui joint
les attouchemens elle fera diametre de la courbe.

Fig.
32.
35.
36.

Car premierement il eft évident que les 2 touchantes menées aux
extremitez de toutes les paralleles entr'elles qui rencontrent les courbes en deux points , fe rencontreront toutes fur une ligne droite ,
puifque ces paralleles font formées par des lignes C *l n* qui viennent
d'un point C de la directrice , ou qui luy font paralleles ; & que par

le converfe du 11 Lemme les touchantes en *l* & en *n* fe rencontreront toutes fur une mefme ligne droite *u h m* qui joint les attouchemens des touchantes au cercle menées du point C. Mais par la
generation des diametres, cette ligne *u h m* forme celuy dont les
ordonnées font formées par les lignes C *l n* menées du point C; &
u h m coupe en *p* la ligne C *n*, en forte que les quatre points C *l p n*
la divife en 3 parties harmoniquement : Mais L N eft parallele à
V C par le corollaire 3 du 22 Lemme, donc le point P formé par
le point *p* divife en deux également L N par le 5 ou 6 Lemme, la
ligne V P fera donc auffi formée par la ligne *u p*, & par confequent
fera diametre.

Pour les fections oppofées, fi l'on examine ce qui a efté demontré pour les diametres, & les ordonnées entr'elles, la mefme chofe
fera évidente.

Si l'on prend un point dans l'une des Afymptotes, & que de ce
point on mene une touchante à l'hyperbole, fi par le point touchant
on mene une parallele à cette Afymptote : Je dis que toutes les lignes qui pafferont par le point pris fur l'Afymptote & qui rencontreront l'hyperbole en deux points, où les fections oppofées, feront
coupées en 3 parties harmoniquement par le point pris par l'hyperbole, & par la ligne qui eft parallele à l'Afymptote. Et enfin fi cette ligne eft parallele à l'autre Afymptote ; Je dis qu'elle fera coupée
en deux parties égales par le point pris d'abord par l'hyperbole qu'elle ne peut rencontrer qu'en un point, & par celle qui paffe par le
point touchant.

Cecy n'a pas befoin de demonftration, fi l'on confidere la generation des Afymptotes avec celles qui forment les lignes dont il eft
queftion. Car pour les divers cas, ils fe peuvent entendre aifément
comme on a fait aux diametres & aux ordonnées.

Si l'on mene une ligne droite E D V qui eftant prolongée à l'infiny, ne puiffe pas rencontrer la courbe, & qui ne foit pas Afymptote : Je dis que fi de tous les points de cette ligne droite on mene
deux touchantes à la courbe, ou aux fections oppofées, comme
V N, V F & D M, D H toutes celles qui joindront les attouchemens, comme N F, M H fe rencontreront en un point P au dedans de la courbe, ou de l'une des fections oppofées, ou au contraire ; Je dis de plus que toutes les lignes droites qui paffant par le
point P rencontreront la courbe en deux points, où les fections oppofées,

poſées, feront coupées en 3 parties harmoniquement par le point P, par les points de la courbe ou des ſections oppoſées & par la ligne E D V, & ſi cette ligne eſtoit parallele à une Aſymptote, elle feroit feulement coupée en deux également par le point P, par la ligne E D V & par la courbe qu'elle ne peut rencontrer qu'en un point.

Cela eſt manifeſte puiſque la meſme choſe a eſté demontrée au cercle generateur de ces courbes dans le Lemme 15. Mais ſi la ligne E D V eſtoit Aſymptote, on ne pourroit mener de tous ſes points qu'une touchante à la courbe, ou à l'une des ſections oppoſées, puiſque l'Aſymptote eſt une touchante à l'infiny comme ſa generation le montre.

Si l'on mene une ligne droite Y D qui coupe une courbe ou les ſections oppoſées : Je dis que ſi de tous les points de cette ligne droite priſe hors de la courbe comme Y & D on mene deux touchantes à la courbe ou aux ſections oppoſées comme Y Q, Y R & D H, D M celles qui joindront les attouchemens R Q, M H ſe rencontreront toutes en un point V hors des courbes, ou au contraire ; & je dis de plus que toutes les lignes qui paſſant par le point V rencontreront la courbe en deux points, où les ſections oppoſées feront coupées en 3 parties harmoniquement par le point V, par la ligne Y D, & par la courbe ; & ſi cette ligne eſt parallele à une des Aſymptotes, elle ſera coupée en deux également par le point V par la ligne Y D, & par la courbe qu'elle ne peut rencontrer qu'en un point.

Fig. 45. 46. 47.

Il ſuffit d'avertir que cette meſme choſe eſt demontrée au cercle generateur des courbes, dans le 16ᵉ Lemme en y ajoûtant le 9ᵉ.

Si 3 lignes droites K N, K H, D L touchent une courbe, ou les ſections oppoſées aux points N, H, L ; Je dis que chacune ſera coupée par les deux autres, & par celle qui joint leurs attouchemens, & par ſon propre point touchant en trois parties harmoniquement, comme D L aux points D, R, L, S ; & ſi elle eſtoit parallele à quelqu'une de ces trois, elle feroit coupée feulement en deux parties égales par les deux autres & par ſon point touchant.

Fig. 48. 49. 50. 51.

Cecy eſt démontré dans le cercle au Lemme 17, & ſuivant cette methode la meſme choſe eſt dans les courbes.

P

Cette propriété des Courbes est entierement necessaire pour tracer des arcs rampants dans toutes sortes de sujetions données ; & c'est ce que je fis, & qui fut imprimé en 1672. par Monsieur Bosse, avec des particularitez sur la pratique de ces arcs selon la methode d'Apollonius, aprés avoir veu ce que Monsieur Rouget l'aisné Maistre Maçon fort intelligent dans la Coupe des pierres, avoit fait sur cette pratique. J'ay sçeu aussi que Monsieur Blondel Maistre des Mathematiques de Monseigneur le Dauphin, avoit travaillé là dessus avant que j'y eusse pensé, mais je n'ay pas encore pû voir ce qu'il en a fait ; & je ne fais point de doute que ce ne soit quelque chose de tres beau, puis que cela vient d'un si grand homme.

F I N.

Fautes à corriger.

Page 18. ligne 32. ligne A P. *lisez*, ligne A p

Pag. 27. lig. 28. donnée : car, *lisez*, donnée par

Pag. 34. lig. 27. à l'autre, *lisez*, à cette. *Ligne* 28. remontre, *lisez*, rencontre. *Ligne* 29. à l'autre, *lisez*, à cette

Pag. 42. lig. 18. E F par, *lisez*, E F. Par

Pag. 59. lig. 1. A C, *lisez*, A F

Pag. 64. lig. 18. coupant, & du plant, *ostez*, coupant. *Ligne* 21. du coupant, *lisez*, du sommet.

Pag. 76. lig. 39. sera au triangle, *ostez*, au triangle.

Pag. 78. lig. 29. a B C, *lisez*, a b c

Pag. 85. lig. 27. l'on voudra, *ajoûtez-y*, paralleles entr'elles

Pag. 86. lig. 37. point i on mene A i, *lisez*, point I on mene A I

Pag. 87. lig. 34. point est parallele & égale Q A, *lisez*, point C est parallele & égale à Q A par le 13 Lem.

Pag. 88. lig. 6. par ses, *lisez*, par une de ses

Pag. 90. lig. 37. Q &, les égales, *lisez*, les égales Q &,

Le Relieur sera aussi averty de joindre les Planches 24 & 25 *à la suitte des autres.*